KB121631

과학을 달리는 십대
생명과학

과학을 달리는 십대

박재용 지음

생명과학

우리학교

실험실 밖으로 나온 생명과학,
네가 그렇게 대단하다고?

여러분은 '생명과학' '생명공학'이라고 하면 어떤 모습이 떠오르나요? 밀폐된 실험실에서 머리부터 발끝까지 감싼 실험복을 입고 스포이트와 배양 접시 등 복잡한 실험 기구를 사용하는 제법 진지한 모습을 떠올리겠지요. 하지만 사실 생명과학은 그보다 훨씬 더 다양한 모습을 가진 학문입니다.

인류가 농사를 짓고 가축을 기르는 방식으로 먹거리를 해결하면서 생명과학도 시작됐습니다. 그 모태는 생물학이죠. 그런데 고대 그리스에서는 세상의 모든 존재를 무생물, 식물, 동물 그리고 인간으로 나누는 아리스토텔레스식 구분을 당연하게 여겼어요. 17세기에도 생물학(biology)이라는 용어 자체가 없었습니다. 동물학(zoololgy)이나 식물학(botany)이 중심이었지요.

19세기에 들자 모든 생물이 세포로 이루어져 있다는 사실을 확신하게 되었습니다. 그러면서 식물과 동물, 미생물을 통틀어 지구상의 생물을 연구하는 생물학이라는 학문이 탄생했어요. 16세기에 발명된 현미경 덕분이었지요. 현미경은 맨눈으로는 볼 수 없는 미세한 세계를 탐험할 수 있게 했고, 얕은 웅덩이의 물 한 방울에도 수없이 많은 미생물이 산다는 걸 확인한 사람들은 비로소 아주

작은 세계를 알아차렸어요.

현미경을 통해 본격적으로 발달한 생명과학은 식품 산업에서도 큰 영향력을 발휘합니다. 먹기 힘든 걸 먹을 수 있게 만드는 것도, 보관하기 힘든 걸 보관할 수 있게 하는 일도 생명과학의 역할인데요. 예를 들어, 나이가 들면 우리 몸에선 유당 분해 효소인 락타아제가 점점 줄어들어 우유를 잘 소화하지 못합니다. 그래서 사람들은 우유를 끓이거나 그 안에 식초나 레몬즙을 넣어 단백질을 응고시킨 치즈를 만들었어요. 지방 성분만 따로 모아 버터를 만들거나 우유를 발효시켜 요구르트를 만들기도 했고요.

곡식을 발효시켜 술을 만들고 다시 술을 발효시켜 식초를 만드는 과정도 생명과학에 해당합니다. 단백질이 풍부한 콩을 발효시킨 된장이나 고추장, 간장도 빼놓을 수 없죠. 김치는 말할 것도 없고요. 베트남에서는 해안가의 작은 물고기를 잡아 소금을 듬뿍넣고 발효시켜 젓갈이나 '느억맘' 같은 소스를 만들기도 합니다. 한편 김치냉장고는 일반 냉장고보다 보관 온도가 낮습니다. 덕분에 김치를 익게 만드는 발효균의 활동을 적절히 조절할 수 있는데요. 바로 이 온도를 파악하면서부터 전통 식품 산업이 발전했어요.

벼와 밀, 보리, 옥수수, 감자 등 식탁에 오르는 거의 모든 주식의 원재료도 생명과학의 산물입니다. 현재의 밀은 야생 밀과 염색체 개수부터 아예 다르니까요. 야생 벼나 야생 옥수수, 야생 감자도 지금 우리가 먹는 것과는 전혀 다릅니다. 농사를 지으면서 병충해에 좀 더 강하고, 낟알이 좀 더 크고, 가뭄이나 장마에 잘 견디는 품종을 고르는 과정을 거치면서 야생의 벼와 밀은 몰라볼 정도로 바뀌었습니다.

야생 밀을 처음 재배한 곳은 현재까지는 터키로 알려져 있는데요. 지금으로부터 1만 년도 더 전의 일이었지요. 그런데 품종을 개량하다 보니 기존의 야생 밀보다 염색체 수가 두 배나 많은 새로운 품종이 탄생했습니다. 지금도 파스타를 만드는 데 이용되는 '듀럼밀'의 일종이지요. 그러다가 염색체 수가 세 배 더 많은 밀이 등장합니다. 우리가 좋아하는 빵과 피자 등을 만드는 '빵밀'이지요.

수박이나 사과, 귤, 오렌지, 올리브 등도 야생의 것은 지금 우리가 먹는 것과 비교하면 같은 종류라는 게 의문이 들 만큼 그 맛과 모양이 다릅니다. 짧게는 수백 년에서 길게는 수천 년 동안 농부들이 품종 개량을 통해 현재의 곡물과 과일, 채소를 만들어 낸 거예요. 계속해서 더 좋은 품종을 골라내려는 노력이 만든 결과물이지요. 그러니 농부들을 오래된 생명과학자, 혹은 생명공학자라고 부를 수도 있겠습니다.

음식뿐만 아니라 인류의 오랜 친구 '개'의 모습에서도 생명과학을 들여다볼 수 있습니다. 개는 지금처럼 반려동물로 사랑받기 훨씬 오래전부터 인간과 함께한 첫 가축이라고 알려져 있습니다.

여러분도 잘 알다시피, 개의 조상은 늑대인데요. 야생 늑대와 집에서 키우는 개는 지금도 같은 종으로 교배할 수 있습니다. 하지만 늑대와 개는 엄연히 다른 모습을 보이죠. 이를 '가축화(domestication)'라고 합니다. 늑대였던 개는 귀 끝이 내려가고, 두개골이 작아지고, 주둥이가 들어갑니다. 덩치도 작아지고요. 외모만 변한 게 아니라 공격성도 줄어들고 사람을 잘 따르고 장난치기를 즐기게 됩니다. 인간이 이런 모습을 오랜 시간 선호하고 선택했기 때문이에요. 개를 포함한 반려동물뿐만 아니라 시골 축사의 소, 닭, 돼지 등 가축 또한 생명과학 연구를 바탕으로 탄생했습니다.

19세기부터 본격적으로 발달한 생명과학은 20세기에는 몇십 가지의 학문 분야로 뻗어 나갑니다. 지금까지 이야기한 다양한 영역에서 생명과학 연구의 기본이 되는 학문이 바로 '유전공학'인데요. 그래서 이 책에서도 현대 생명과학의 핵심인 유전공학을 중심으로 다루며 '유전자 편집' '감염병과 백신' '미래 식량' '바이오칩' '미래 의학' 등 최첨단 분야에 관해 이야기해 보려 합니다.

염색체, DNA와 RNA, 센트럴 도그마 등 유전공학의 핵심 이론은 모두 20세기에 발견됐어요. 물론 여전히 밝히지 못한 사실이 많이 남아 있는데요. 우리는 그중에서도 현재 대표적인 분야를 중심으로 살펴볼 것입니다.

여러분이 이 책을 통해 생명과학의 모든 것을 한꺼번에 알 수는 없겠지만, 중요한 분야에 대해서는 한 발짝 다가갈 수 있도록 이야기를 엮었습니다. 아무쪼록 이 책이 생명과학에 관한 이해를 넓히고 흥미를 북돋는 기회가 되기를 바라겠습니다.

2022년 가을

박재용

프롤로그 · 4

1. 유전자 편집 : 인간과 신의 경계를 자르는 유전자 가위와 생명 합성

콩에서 콩, 팥에서 팥 16 · 보이지 않아도 자를 수 있는 수상한 유전자 가위 23
· 오류 가능성 4조 4,000만 분의 1, 크리스퍼 혁명 26 · 태어날 아기의 유전자를
어떻게 디자인하겠습니까? 29 · 유전자 편집의 첫 단추가 실제로 꿰어지다 34 ·
새로운 생물을 만들어 내는 합성 생물학을 소개합니다 36 · 새로운 생명을 창조하
는 게 과연 인간에게 허락된 일일까? 40 · 유전자 드라이브로 특정 형질을 널리 빨
리 퍼뜨릴 수 있게 된다면 45

2. 감염병과 백신 : 감염병 X의 시대, 좋은 바이러스도 있을까?

인류의 역사는 감염병의 역사다 56 · 병을 일으키는 미생물, 병원체를 해부해 보자
58 · 항체, 한 번 속지 두 번은 안 속아! 61 · 우리가 맞는 백신, 언제부터 어떻게
만들어졌을까? 66 · 백신 윤리, 누가 먼저 맞아야 할까? 71 · 바이러스와 세균, 비
슷하면서도 다른 존재들 75 · 감염병과 백신에 얽힌 불평등한 진실 79

3. 미래 식량 : 기후 위기, 환경오염, 식량 부족! 우리는 무엇을 먹게 될까?

사람이 늘어나면 먹는 입도 늘어난다 90 · 식량 위기의 첫 번째 해결사를 자처한 유전
자변형생물 GMO 93 · 안전할까? 괜찮을까? 누가 먹고 누가 소유할까? 98 · 가
짜 고기에 육즙이 가득하다고? 102 · 목장과 농장이 아닌 실험실에서 태어난 고기
108 · 똑똑한 식물 공장 스마트팜으로 초대합니다 110

4. 바이오칩 : 나노 기술과 생명과학의 만남 바이오칩의 세계

더 작고 더 빨라진 손바닥 위의 실험실 122 · 감자칩이 아니라 DNA칩이라고? 126 · 예민해도 너무 예민한 단백질칩을 만들려면 130 · 작게 더 작게 랩온어칩 134 · 모든 것을 탐지하고 분석한다! 열일 탐정 바이오센서 139

5. 미래 의학 : 몸의 한계를 넘어 세상의 한계를 넘을 수 있도록

늙지도 아프지도 않은 이상하고도 놀라운 삶 150 · 장애는 질병도 극복 대상도 아니지만 과학과 의학이라는 조력자를 환영한다 153 · 장기 이식과 오가노이드 158 · 인공 심장, 인공 폐, 인공 췌장, 그다음은 인공 자궁이라고? 161 · 슈퍼히어로처럼 인공 눈으로 세상을 볼 수 있다면 166 · 소리가 안 들린다면 인공 귀를 부탁합니다 170 · 생명공학과 전기전자공학이 만나 인공 신체를 탄생시키다 172

1

유전자 편집

누구나 유전자 가위로
유전자 편집을 할 수 있는 시대라니 신난다!

아니, 이러다 유전자 편집 기술로
〈쥐라기 공원〉처럼 공룡까지 되살리는 거 아냐?

꿈같은 이야기만은 아냐!
최근 유전학계에서는 멸종된
태즈메이니아늑대를 되살릴
단서가 발견됐단 말이지.

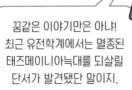

인간과 신의 경계를 자르는 유전자 가위와 생명 합성

콩에서 콩,
팥에서 팥!

여러분은 "콩 심은 데 콩 나고, 팥 심은 데 팥 난다."라는 속담을 잘 알고 있겠지요? 원인과 결과를 이야기하는 이 말은 일상에서 당위성을 표현할 때 주로 쓰입니다. 유전공학에서 가장 기본이 되는 원리이기도 하지요.

흰 개와 흰 개가 만나면 검은 강아지를 낳을 수 없고, 옥수수를 심으면 벼나 보리가 나오지 않습니다. 부모의 머리카락이 검은색이면 자식 대부분은 높은 확률로 검은색 머리카락이 자랍니다. 부모 중 한 명만 쌍꺼풀이 있으면 자식도 쌍꺼풀을 가질 확률이 50퍼센트나 되고요. 이런 사실은 속담처럼 아

─○ 자연과학자가 되고 싶었던 멘델은 형편이
   어려워 성 오거스틴 수도회에 입회, 성직
   자가 되었지만 수도원 뜰에 완두콩을 심
   어 유전학을 연구했다.

주 오랜 옛날부터 모두가 익숙하게 믿어 온 사실입니다. 그러
나 무엇이 이토록 부모와 자식을 비슷하게 만드는지는 잘 알
려지지 않았습니다.

　19세기, 유전에 관한 본격적인 연구가 오스트리아의 신부
그레고어 멘델(Gregor Mendel)로부터 시작됩니다. 멘델은 이전
까지 당연하게 여겨졌던 '키 작은 어머니와 키 큰 아버지가 만

나면 중간 키의 아이가 태어난다' 식의 혼합 유전이 틀리다는
걸 증명했어요. 유전은 절대적으로 반반씩 작용하지 않거든요.
한 개체는 두 개의 유전자 쌍을 가지고 있고, 그 유전자에는
우성과 열성이 있다는 사실도 밝혀냈고요. 여러분이 과학 시간
에 배우는 '우열의 법칙' '독립의 법칙' 등도 발견합니다.

우열의 법칙은 우성이 뛰어나고 열성이 뒤처졌음을 의미하
지 않습니다. 둘이 같이 있으면 우성 유전자가 표현되고 열성
유전자는 표현되지 않을 뿐이에요. 가령 쌍꺼풀 유전자는 우성
이고 외꺼풀 유전자는 열성입니다. 그래서 한 사람이 쌍꺼풀 유
전자와 외꺼풀 유전자를 가지고 있으면 쌍꺼풀이 나타납니다.

독립의 법칙은 서로 다른 염색체에 있는 유전자끼리는 서로
관련이 없다는 것입니다. 어머니에게 검은색과 갈색 머리카락
유전자가 있고 길쭉한 손가락과 짧은 손가락 유전자가 있는데,
이들이 서로 다른 염색체에 있다면 딸에게 물려줄 수 있는 유
전자 조합은 '검은색 머리카락과 긴 손가락' '검은색 머리카락
과 짧은 손가락' '갈색 머리카락과 긴 손가락' '갈색 머리카락
과 짧은 손가락' 이렇게 네 종류가 다 가능하다는 뜻이죠. 하지
만 유전자의 실체가 무엇인지, 그 유전자가 어떤 원리로 부모
와 비슷한 자식 개체를 만드는지는 정확히 알 수 없었습니다.

19세기 찰스 다윈(Charles Darwin)의 진화론과 멘델의 유전 법칙은 생물학에서 커다란 반전이었습니다. 막연하기만 하던 진화의 원동력이 자연 선택이라는 것과 유전에도 규칙이 있다는 사실을 발견했으니까요. 뒤이은 연구들 역시 놀라운 결과를 가져왔습니다. 20세기 중반에 유전자가 바로

자연 선택
생태계에서 주어진 환경에 유리한 조건을 가진 생물은 더 많이 번식하고 환경에 불리한 조건을 가진 생물은 덜 번식하게 된다는 뜻으로, 이를 통해 주어진 환경에 유리하게 진화가 이루어진다.

DNA라는 것을 발견했고, 동시에 우리 몸에 필요한 각종 단백질을 만드는 설계도라는 사실도 밝혀냅니다. 그리고 DNA라는 설계도로부터 어떤 과정을 거쳐 단백질이 합성되는지도 파악하게 됐습니다. 본격적으로 '유전공학'이라는 새로운 학문 분야가 탄생했어요.

20~21세기에 걸쳐 생명체의 DNA를 분석해 염기서열을 파악하고, 그 염기서열이 어떤 단백질을 만드는 설계도인지 알아내며, 잘못된 DNA 사슬을 편집하고, 새로운 DNA 사슬을 집어넣기도 하는 여러 시도가 이어집니다. 이때 다양한 기술이 필요한데 유전자 가위 같은 새로운 편집 도구, 전자공학이나 데이터공학 같은 다른 학문 분야와의 협업이 이를 가능하게 했지요. 오늘날 코딩 기술은 필수가 되었고요.

유전자 편집

DNA 코드의
비밀을 밝혀 보자

19세기 생명과학의 발달에 현미경이 큰 영향을 미쳤다면 20세기에는 전자현미경이 중요한 역할을 합니다. 기존 현미경은 빛의 굴절과 반사를 이용해 물체를 보는 광학 현미경이었습니다. 광학 현미경으로는 세포의 모양은 파악할 수 있어도 더 작은 영역인 세포 내부에서 일어나는 일이나, 세포 내부의 소기관이 어떻게 생겼는지는 파악할 수 없었습니다.

그런데 전자를 이용한 현미경이 만들어지자 상황이 바뀌었습니다. 세포막, 미토콘드리아, 소포체, 핵, DNA 사슬 등 이전에는 볼 수 없었던 아주 작은 물질까지 볼 수 있게 되었죠. 이전의 현미경으로 마이크로미터(μm, 1미터의 백만분의 1 정도)까지가 한계였다면, 이제는 나노미터(nm, 1미터의 10억분의 1 정도)를 볼 수 있게 된 것입니다. 원자와 분자의 세계를 들여다볼 수 있게 된 것은 곧 원자와 분자 단위를 미세하게 조정할 수 있게 되었다는 의미이기도 했어요. 그리고 이런 나노공학은 생명과학에서도 중요한 영역을 차지하게 됩니다.

유전자는 DNA(Deoxyribose Nuclear Acid) 사슬입니다. DNA는 가운데에 디옥시리보오스 당이 있고 양쪽에 염기와 인산이 연결된 분자예요. 이때 디옥시리보오스 당에 결합하는 염기의 종류가 아데닌(A, adenine), 티민(T, thymine), 구아닌(G, guanine), 사이토신(C, cytosine) 네 가지이며, 각각 A, T, G, C로 표시하지요. 이렇게 염기의 종류에 따라 DNA의 종류도 네 가지가 됩니다.

이들 DNA가 서로 결합해 길게 줄지어 사슬을 이루는데, 그 순서를 '염기서열' 또는 'DNA 서열'이라고 합니다. 우리가 흔히 유전자라고 이야기하는 게 바로 이 염기서열이죠. 음악이 '도, 레, 미, 파, 솔, 라, 시'로 이루어진 일곱 개 음계의 배열에 따라 달라지는 것과 같습니다. 가령 '솔, 솔, 라, 라, 솔, 솔, 미' 하고 이어지는 노래와 '미, 레, 도, 레, 미, 미, 미' 하고 이어지는 노래가 다르듯이 'A, T, T, C, T, A, G, C, T'로 이어지는 DNA 사슬과 'A, A, T, C, G, G, A, T, C, C'로 이어지는 사슬이 다르지요.

DNA의 또 다른 특징은 이중 나선 구조라는 점입니다. DNA 사슬 두 개가 염기끼리 결합해서 이중 사슬을 만드는데 이 사슬이 일정한 방향으로 회전하면서 나선 구조를 만들지요. 이때 염기 중 티민(T)은 항상 아데닌(A)과, 구아닌(G)은 항상 사이토신(C)과 결합해요. 즉 DNA 사슬 하나가 'A, T, T, A, C, G'로

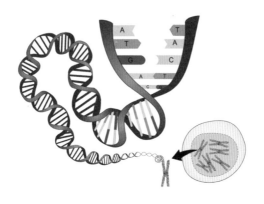

티민   아데닌

구아닌   사이토신

—o 세포 속 염색체와 DNA의 관계 및 티민, 아데닌,
구아닌, 사이토신의 분자 구조를 보여 주는 모델

이어지면 상대 사슬은 'T, A, A, T, G, C'로
이어지는 원리죠.

상보성
DNA의 두 사슬처럼 서로 모자란 부분을 보충하는 관계에 있는 성질을 '상보성'이라고 한다.

한쪽 사슬이 정해지면 다른 쪽 사슬의 DNA 분자 쌍은 자동으로 정해지는 게 이들만의 규칙입니다. 이 상보성 때문에 DNA는 한쪽 사슬에 문제가 생겨도 맞은 편 사슬의 염기서열을 통해 원래대로 수정할 수 있습니다. 반면 RNA는 단일 사슬이라 염기서열에 문제가 생기면 수정할 수 없어요.

DNA는 자손이 나와 비슷한 모습을 갖게 만드는 유전 물질이기도 하지만 한편으로는 우리 몸의 설계도이기도 합니다. DNA의 염기가 이어진 순서(염기서열)에 따라 어떤 단백질을 만들지가 결정되기 때문이지요. DNA는 단백질을 통해 생물의 몸을 만드는 정보 제공자인 셈입니다.

보이지 않아도 자를 수 있는 수상한 유전자 가위

20세기 중반부터 유전체를 분석할 수 있게 되면서 현대에는 유전자를 고치는 방향의 연구가 활발해졌습니다. 현미경

으로도 보이지 않을 만큼 작은 DNA의 서열을 파악하는 일도 대단한데, 이를 잘라내고 새로 편집하다니 도대체 어떤 방법을 쓰는 걸까요?

보이지 않는다고 자를 수 없는 것은 아닙니다. 일단 염기서열을 분석해서 어느 부분을 자를지 파악하면, 특정 부위의 DNA를 자를 수 있는 가위를 이용하면 되거든요. 이를 '제한효소(restriction enzyme)'라고 해요. 일명 대장균으로 잘 알려진 이콜라이(E. coli) 소화 효소라는 제한효소는 GAATTC라는 염기서열만 만나면 G와 A 사이를 싹둑 잘라 버리죠.

1960년대부터 과학자들은 세균을 연구하며 200여 개의 제한효소를 발견해 왔습니다. 세균이 제한효소를 다양하게 가지게 된 건 바이러스 때문인데요. 바이러스는 사람뿐만 아니라 세균도 감염시키죠. 세균은 이를 방어하려 바이러스의 DNA를 확인하고 없애는 제한효소를 만들어 사용했던 거죠. 제한효소는 특정한 DNA 염기서열이 4~8개 정도 이어지는 걸 인식해서 잘라 버릴 수 있습니다.

그런데 이런 제한효소를 이용하는 데는 골치 아픈 일이 있습니다. 4~8개 정도의 염기서열을 인식해서 자르면 같은 염기서열을 가진 다른 DNA 부위도 잘릴 확률이 커집니다. 예를 들어, 4개의 염기서열이 서로 같을 확률은 256분의 1이고 8개가 같을 확률은 6만 5,536분의 1입니다. 6만 5,536분의 1이라니 작디작은 확률처럼 보이죠? 하지만 유전자 자체가 엄청나게 많은 염기서열을 가지고 있기에 실제 오류가 나타나는 경우가 적지 않습니다.

그 뒤로 염기서열 8~10개 정도를 인식하는 '징크 핑거 가위(ZFN, Zinc Finger Nuclease)', 염기서열 10~12개 정도를 인식하는 '탈렌 유전자 가위(TALEN, Transcription Activator-Like Effector Nuclease)'가 발견됩니다. 12개의 염기서열이 같을 확률은 약 1,700만분의 1입니다. 하지만 이 경우도 앞서 이야기한 오류가 발생할 가능성이 여전히 큽니다. 유전자 염기서열이 워낙 길다 보니, 아주 작아 보이는 확률로도 원치 않는 부위까지 잘릴 가능성이 크니까요. 예를 들어, 주사위를 네 번 던져 모두 1의 눈이 나올 확률은 1,296분의 1이에요. 이때 한 명이 백 번 던지면 모두 1의 눈이 나올 확률이 드물지만, 1만 명이 동시에 네 번 던지면 그중 여덟 명 정도는 그 결과가 나오게 되는 것과 마찬가지예요.

이렇듯 예상하지 못했던 부위까지 잘라버리게 되면, 유전자 편집 생물에게 예상치 않은 돌연변이가 일어날 가능성도 커질 수밖에 없습니다.

모류 가능성 4조 4,000만 분의 1, 크리스퍼 혁명

20세기 말이 되자 새로운 유전자 가위인 '크리스퍼(CRISPR, Clustered Regularly Interspaced Short Palindromic Repeats)'가 발견됐습니다. 크리스퍼는 무려 21개의 염기서열을 인식합니다. 이 정도면 우연히 다른 부분의 염기서열이 일치할 확률이 4조 4,000만분의 1이 돼요. 인간 유전체 염기서열 30억 개를 1,000 배 이상 뛰어넘는 확률이니 우연하게 일어날 가능성이 아주 작아지는 것이지요.

크리스퍼의 발견은 1980년대 말 박테리아(세균) 연구에서 비롯되었습니다. 당시에는 이 독특하게 반복되는 염기서열 구조가 무엇을 의미하는지 파악하지 못했습니다. 이후 덴마크의 유산균 회사 연구원들이 세균이 이를 적응 면역으로 사용하는 걸 발견했지요.

세균들은 박테리오파지라는 바이러스에 무척 취약합니다. 유산균도 세균이라 박테리오파지가 한 번 번지면 떼죽음을 당하고 말았지요. 유산균 회사로선 박테리오파지가 아주 골칫

덩어리여서 여러 방법을 연구하고 있었습니다. 그런데 바이러스가 한 번 휩쓸고 지나간 뒤에도 살아남은 세균을 발견한 거예요. 어떻게 살아남았는지 살펴봤더니 바로 크리스퍼를 이용해 박테리오파지에 대한 면역을 가지게 된 것이었습니다.

세균에서 크리스퍼가 작용하는 방법은 다음과 같습니다. 바이러스가 유산균에 침입하면 유산균은 이들의 DNA 일부를 잘라 크리스퍼의 가운데 스페이서라는 부위에 집어넣어 보관합니다. 그리고 다시 같은 바이러스가 침입하면 스페이서의 DNA 조각을 이용해 크리스퍼 RNA(crRNA)를 만듭니다. 이렇게 DNA 정보로 RNA를 만드는 걸 전사(transcription)라고 해요.

이제 크리스퍼 RNA와 카스(cas)라는 절단 효소가 결합해서 크리스퍼 유전자 가위가 만들어집니다. 크리스퍼 RNA는 바이러스의 DNA를 찾아 결합하지요. 그러면 그 옆의 카스 절단 효소가 바이러스의 DNA를 잘라 버리는 거예요. 즉, 이전에 침입했던 바이러스의 DNA를 잘 보관하고 있다가 다시 같은 종류의 바이러스가 침입하면 제거하는 용도로 세균이 크리스퍼를 사용하는 것입니다.

그런데 연구하다 보니 스페이서 부위에 들어 있는 염기서열을 다른 걸로 바꿔도 이전처럼 잘 작동하는 것이었습니다. 미

유전자 편집

국의 제니퍼 다우드나와 프랑스 에마뉘엘 샤르팡티에 박사가 이를 발견했고 2020년 노벨 화학상을 받았지요. 즉, 크리스퍼 자체는 그 안에 있는 DNA 염기서열이 뭐든지 신경 쓰지 않고 작동했습니다. 이제 정말 DNA 서열을 마음대로 자르고 붙이는 일이 아주 쉬워졌어요. 더구나 가운데 들어가는 염기서열의 길이가 길어지면서 의도하지 않았던 유전자 부위를 자를 확률도 아주 작아졌지요. 그래서 이를 '크리스퍼 혁명'이라고 부릅니다.

혁명이라는 말이 과장은 아닌데요. 이전까지의 유전자 가위와 비교하면 우연히 다른 부위를 자를 확률은 0에 가깝게 줄어들고, 효율은 훨씬 높아졌으니까요. 실제 이전의 제한효소를 이용해서 2년 정도 걸리던 실험이 크리스퍼를 쓰면서 일주일로 단축되기도 했습니다. 특히 유전병 연구에서는 특정 유전병을 가진 실험동물이 필요한데, 이런 동물을 만들려면 이전에는 수개월에서 수년이 걸렸어요. 그런데 크리스퍼 가위를 이용하니 불과 몇 주면 만들 수 있게 된 것이지요. 더구나 비용도 훨씬 저렴해졌습니다.

크리스퍼 혁명 이후 유전자 편집은 이전에 비해 아주 쉬워졌어요. 이제 어느 정도의 유전공학 지식을 갖추기만 하면 손쉽게 유전자 편집을 할 수 있는 시대가 된 것이죠. 하지만 유

전자 가위의 발전은 한편으로 걱정스럽기도 합니다. 실험 장벽이 아주 낮아졌으니 누군가 다른 방식으로 이를 악용할 수도 있으니까요.

태어날 아기의 유전자를 어떻게 디자인하겠습니까?

여러분은 혹시 '내 키가 조금만 더 컸으면, 많이 먹어도 살찌지 않는 체질이었으면, 책을 한 번만 읽으면 모조리 이해되고 다 기억할 수 있다면……' 하고 생각해 본 적이 있나요? 혹은 '난 아빠를 닮아서 코가 너무 동글해, 엄마를 닮아서 너무 말랐어' 식의 불평을 한 적도 있을 것입니다. 누구나 이런 생각을 한 번쯤 해 볼 텐데요. 노력과 학습으로 극복되는 요소도 있지만 유전되는 체질도 분명 있습니다. 그렇다면 이미 태어난 나는 어쩔 수 없지만 내가 나중에 낳을 아이는 더 잘 생기고 키도 크고 머리도 좋게 만들 순 없을까요?

이때 뉴스에서 유전자 편집이 가능하다는 이야기를 들으면 꽤 희망적이겠지요. 물론 유전자 편집은 상상 속 미래를 가능하게 할 수도 있습니다. 하지만 유전자 편집을 연구하는 이들에게 멋진 외모를 만드는 것보다 더 시급한 것이 살아가는 데 치명적이거나 아주 힘들게 만드는 유전병이지요.

유전병은 부모로부터 물려받은 것이든 돌연변이에 의한 것이든 이론적으로는 처음 수정란이 만들어질 때 확인이 가능합니다. 특히 체외 인공수정에 의해 수정란이 형성되면 배아기에 확인하여 유전자 치료를 할 수가 있습니다. 아니면 아예 수정이 되기 전 난자나 정자 상태에서 유전자 치료를 하는 것도 불가능한 일은 아니지요.

2017년 우리나라 기초과학연구원 김진수 연구단장과 연구팀은 비후성 심근증을 일으키는 변이 유전자를 정자와 난자의 수정 단계에서 크리스퍼 유전자 가위를 통해 교정한 결과를 발표했습니다. 물론 교정된 정자와 난자로 실제 수정란을 만들지는 않았어요. 그 뒤 세계의 유전공학자들이 정자나 난자 혹은 수정란에 유전자 편집을 적용한 사례를 발표했습니다.

그런데 아직은 유전병 치료를 위해 유전자 편집을 하고 있지는 않습니다. 이 단계에서의 유전자 치료는 상당한 부작용이 일어날 우려가 성인에 비해 매우 크기 때문이지요. 뒤에서 더 자세히 살펴보겠지만, 골수암 치료의 경우 골수 세포만 유전자 치료를 합니다. 그러니 골수 세포에만 영향을 미치고 몸의 다른 부분에는 영향이 없죠. 그러나 배아 단계에서의 유전자 치료는 이후 배아가 세포 분열을 하는 과정에서 해당하는 모든 세포들에 영향을 미치게 됩니다. 만약 부작용이 생기면 일부분만이 아니라 우리 몸의 모든 세포에서 나타나겠지요.

더구나 이런 실험은 인간을 대상으로 할 수 없기에 어떤 부작용이 생길지 미리 파악하는 것이 아직까지는 불가능에 가깝습니다. 유전공학이 발달하고 인간의 유전자에 대해 이전보다 훨씬 더 많은 정보를 가지고 있다 해도, 아직 유전자가 하는 다양한 역할을 완전히 파악하지 못한 상황에서 배아를 대상으로 한 유전자 치료가 금기인 이유입니다.

그리고 난자나 정자 혹은 배아에 대한 유전자 치료가 이루어진다면 범위를 정하는 것도 문제입니다. 특정한 유전병을 제하는 건 그나마 덜하겠지만, 특별한 기능의 유전자를 더하는 문제는 큰 논란이 됩니다. 앞서 상상한 것처럼 키 성장에 도움이 되는 유전자를 편집한 아이들은 다른 아이들에 비해 평균적으로 키가 더 클 것이고, 특정 피부색 유전자 중 일부를 교체하면 부모와 다른 피부색을 가질 수 있습니다.

물론 하나의 인간이 가지는 여러 가지 능력이나 가능성이 유전으로만 결정되지는 않습니다. 하지만 유전자의 편집이나 조작을 통해 신체나 지적 능력의 가능성을 높이는 것이 불가능한 것 또한 아닙니다. 선천적으로 키가 크고, 반사 신경이 빠르고, 균형 감각이 뛰어나면, 물질대사 능력이 탁월해 신체적 조건이 유리해집니다. 또 집중력이 높으면 다양한 학업 분야에서 유리한 조건에 설 수 있고요. 하지만 이런 능력을 가지기 위해선 아주 비싼 비용을 치러야 할 것이고 결국 부모의 경제력이 자손의 생물학적 능력을 결정하는 조건이

물질대사
생물체가 외부로부터 섭취한 영양물질을 체내에서 분해하고 합성해 생명 활동에 필요한 물질이나 에너지를 생성하고, 필요하지 않은 물질을 몸 밖으로 내보내는 작용.

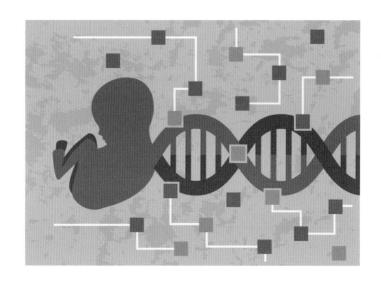

됩니다. 이것이 과연 정당한 일인지에 대해 많은 논쟁이 벌어
질 수밖에 없겠지요.

태어날 아이의 유전체를 편집한다는 건, 그 아이의 유전체
전체를 파악할 수 있다는 뜻이기도 합니다. 물론 유전자가 아
이의 미래를 전부 결정하지는 않겠지만 상당한 영향을 줄 수
있지요. 정자와 난자의 유전체를 파악해서 가장 좋은 정자와
난자로 수정란을 만드는 것 또한 이론적으로는 가능하다는
의미입니다.

유전자 편집

이처럼 태어날 아이의 유전자를 고르는 것이 과연 합당한 일일까요? 윤리적 측면뿐만 아니라 철학적 혹은 종교적으로도 질문해 봐야 할 것입니다. 종교계에서는 아이의 유전적 형질을 선택하는 행위가 인간에게 허용된 일이 아니라고 강하게 주장하고 있지요.

유전자 편집의 첫 단추가 실제로 꿰어지다

하지만 이미 배아 단계에서의 유전자 편집이 실제로 일어나고 말았습니다. 앞서 우리나라 연구도 있지만, 2018년 중국 허젠쿠이(贺建奎) 박사팀의 유전자 편집을 거친 아기가 실제로 태어났으니까요. 유전자 편집을 거친 아기를 흔히 '디자이너 베이비(designer baby)'라고 하는데, 허젠쿠이가 한 일은 과학계의 커다란 비판에 직면했습니다.

그럼에도 디자이너 베이비를 만들려는 시도는 지금도 계속되고 있지요. 2019년에는 러시아 쿨라코프 국립산부인과연구센터 유전자 편집 연구소장 데니스 레브리코프(Denis Rebrikov)가 인간 배아를 편집해 후천성 면역 결핍증(HIV) 양성 반응을 보이는 여성에게 착상시키는 실험을 구상 중이라고 했습니다.

또 중동의 한 불임 클리닉에서는 허젠쿠이에게 접촉해 유전자 교정에 대해 가르쳐 줄 것을 요청하기도 했고요. 인간 배아 줄기세포 복제를 최초로 성공한 미국 오리건 보건과학대학교 슈크라트 미탈리포프(Shoukhrat Mitalipov) 교수는 "법이 허용한다면 내 연구의 최종 목적은 교정된 인간 배아를 정상적인 아이로 키워내는 것이다."라고 말하기도 했습니다.

물론 현재 대부분의 나라에서는 유전자 편집 아기는 허용되지 않으며, 사회적으로도 받아들이기 힘든 분위기입니다. 기술적으로도 안전성이 더 확보되어야 하지요. 그럼에도 앞으로 '디자이너 베이비'가 탄생할 가능성은 높아 보입니다.

경우가 조금 다르긴 하지만 과거의 예를 볼까요? 자연적인 방법으로 아이를 가질 수 없는 부부들이 있습니다. 정자가 너무 적거나 운동성이 약한 경우도 있고, 난소로 가는 난관이 막혀 있는 등 다양한 사례가 있습니다. 이런 불임 부부들이 체내 인공수정이나 체외 인공수정을 통해서 임신이 가능해진 것이 1960~1970년대였습니다. 그때도 역시 사회적으로 엄청난 파장이 일어났지요. 종교계와 과학계에서도 반대의 목소리가 아주 높았습니다. 1978년 첫 시험관 아기가 탄생했고 엄청난 논쟁이 뒤따랐지요. 하지만 이제 시험관 아기는 크게 비판을 받지도 않습니다. 우리나라에서만도 꽤 많은 시술이 행해지고 있어요. 그 결과 이미 태어난 시험관 아기가 전 세계적으로 300만 명 이상이 됩니다. 누군가 물꼬를 트면 뒤따르는 이들에겐 첫 번째 사람만큼의 비판이 일어나지 않고 수요가 있기 때문이지요. 많은 이들이 유전자 편집 아기도 이런 결말로 이어질 수 있다는 걱정을 하는 이유입니다.

새로운 생물을 만들어 내는 합성 생물학을 소개합니다

크리스퍼 유전자 가위는 다양한 분야에서 쓰이고 있습니다. 의학적으로 활용될 뿐만 아니라, 멸종 위기종을 보호하고 식품 개발에도 도움을 줄 수 있지요. 맥주를 만드는 효모에서 특정 유전자를 제거해 맥주의 맛을 높이는 일도 그중 하나입니다.

여러분은 사과를 깎아서 놔두면 갈색으로 변하는 모습을 봤을 것입니다. 갈변이라는 현상인데 이를 늦추는 사과도 개발됐지요. 또 옥수수에 있는 피트산이라는 물질은 체내의 필수 미네랄과 결합해서 몸 밖으로 배출시키는 부작용이 있는데요. 피트산 함량을 낮춘 옥수수를 개발하기도 합니다. 뿔 없는 소나 근육이 많은 돼지를 만드는 것들이 모두 유전자 편집

에 해당하는 일들입니다. 비판이 없지는 않지만 인류에 직접
적이지 않으니 그리 거세진 않습니다.

하지만 생명과학자들은 여기서 멈추지 않습니다. 생명과학
자 중 일부는 유전자 편집을 통해 인공 생물을 만드는 꿈을
꿉니다. 로봇처럼 기계로 된 것이 아니라 새로운 염기서열을
가진 완전히 새로운 생물을 합성하겠다는 것이지요. 이를 '합
성 생물학'이라고 합니다.

1978년 DNA의 특정 염기서열을 인식해 절단하는 제한효
소 발견에 노벨상이 주어졌습니다. 그 뒤 미국 위스콘신 대학
교 바슬라프 시발스키(Waclaw Szybalski) 교수가 "제한효소의
발견은 재조합 DNA 분자를 쉽게 만들고 개별 유전자를 쉽게
분석할 수 있도록 해 주었다."라고 하면서 "이 발견이 새로운
유전자를 조합해 만들고 평가할 수 있는 '합성 생물학'의 시대
로 이끌 것."이라고 기대했지요. 이렇게 합성 생물학이 본격적
으로 등장합니다.

2010년 미국 대통령 직속 국가생명윤리연구위원회는 합성
생물학을 "기존 생명체를 모방하거나 자연에 존재하지 않는
인공 생명체를 제작 및 합성하는 것을 목적으로 하는 학문."
이라고 정의했습니다. 간단하게 말해 인간이 DNA를 합성해

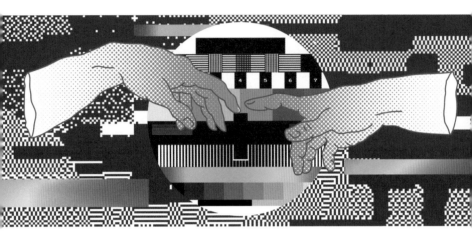

서 이를 토대로 이전에 존재하지 않던 새로운 생물을 만드는
걸 의미하지요. 앞서 이야기했던 유전자 편집이 DNA의 극히
일부를 수정하며, 기존에 존재하던 다른 유
전자로 대체하는 것이라면 합성 생물학은
DNA 전체를 새로 합성하여 이전과는 완
전히 다른 새로운 생명체를 탄생시키는 것
입니다.

　앞서 DNA는 생물의 설계도라고 했지요.
이제까지 생명과학자들은 자연이 만들어

진핵생물
포질 속에 미토콘드리아
등 여러 세포 내 소기관
을 지니고 있고, 유사 분
열을 하는 세포로 이루어
진 생물로 세균 및 바이
러스를 제외한 모든 생물
이 여기에 속한다.

놓은 설계도를 찾아 쓰임이 어떤지를 확인하는 일을 했습니다. 그런데 이제는 생명과학자가 스스로 설계도, 즉 DNA 염기서열을 만들겠다는 것이지요. 일종의 프로그램을 만들겠다는 뜻이기도 합니다. 휴대전화에서 사용하는 메신저, 게임, SNS 등은 각각 독립된 프로그램으로 볼 수 있지요. 그걸 다운받아서 실행하면 근사한 앱이 작동합니다. 마찬가지로 한 생명의 DNA 염기서열 전체를 코딩하는 것입니다. 이 DNA 사슬을 기존의 세포가 가지고 있던 DNA를 빼고 집어넣으면 그 세포는 새로 들어간 프로그램에 따라 새로운 생명이 되는 것입니다.

세균에서는 이미 현실화되고 있습니다. 이제 세균을 넘어 단세포 진핵생물이나 더 나아가 다세포 생물을 창조하는 데까지 나아가는 게 목표입니다. 이 또한 의견이 분분합니다. '기존 생물의 유전적 변화만으로도 걱정이 많은데 아예 새로운 생물을 창조하는 것이 과연 인간에게 허락된 일인가?'라는 우려를 할 수 있지요. 생명체 창조는 신의 영역이지 인간이 다룰 분야는 아닌 듯합니다. 그럼에도 21세기 생명과학은 이미 미지의 세계로 한 발 내디뎠고, 앞으로 계속 나아갈 것으로 보입니다.

새로운 생명을 창조하는 게
과연 인간에게 허락된 일일까?

합성 생물학은 두 가지 기술 덕분에 가능해졌습니다. 하나는 시퀀싱이라는 염기서열 해독 기술입니다. 새로운 해독 기술 덕분에 DNA 염기서열 해독 비용이 아주 싸지고 속도는 빨라졌으며 정확도는 높아졌습니다. 그리고 염기서열 시퀀싱을 전문으로 하는 기업들도 많아졌지요.

두 번째로 DNA 합성 기술이 눈부시게 발달한 덕분입니다. 현재 수천 개의 DNA 사슬을 합성하는 것은 전문 업체에 의뢰하면 2~3일 만에 가능합니다. 수만 개의 염기서열도 간단하게 합성할 수 있지요. 실제 과정은 여전히 어렵고 힘들지만 기술의 발달 덕분에 이전에 비하면 훨씬 빠르고 편리하게 연구하게 된 것은 분명합니다.

그러면 현재 합성 생물학은 어느 정도까지 연구가 진행된 걸까요? 2010년 5월 크레이그 벤터(Craig Venter)는 놀라운 결과를 발표했습니다. 〈화학적 합성 유전체에 의해 조절되는 세균 세포의 창조〉라는 보고서에 따르면, 그의 연구팀은 미코플라스마 미코이데스(mycoplasma mycoides)라는 세균의 유전체 염기서열 107만 7,947쌍 전체를 해독합니다. 그리고 합성 장

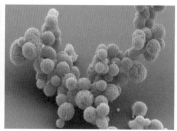

─○ 미국 크레이그벤터연구소가 탄생시킨 인공 생명체 JCVI-syn1.0과
   JCVI-syn3.0

치를 통해 1,080쌍 길이의 DNA 조각 1,000개를 만들었어요.
그다음 이 조각들을 효모에 집어넣어 인공적으로 합성하죠. 그
래서 '화학적 합성 유전체'라는 말이 들어간 것입니다.

　마지막으로 비슷한 종류의 세균인 미코플라스마 카프리콜
룸(capricolum)이 원래 가지고 있던 유전체 즉, DNA를 제거하
고 자신들이 합성한 인공 유전체를 이식합니다. 인간에 의해
합성된 유전체만 가지는 생명체를 만든 것이지요. 이후 이 세
균은 미코플라스마 카프리콜룸이 아니라 미코플라스마 미코이
데스의 모습을 띱니다. 이 생명체는 인간이 합성하긴 했지만,
DNA 염기서열은 원래 존재하던 세균의 것을 그대로 본떠 만
든 것으로 '새로운 생명체'라고 보기엔 무리라고 할 수 있어요.

유전자 편집

그러나 2016년 벤터 박사 연구팀은 또 다른 합성생명체 신 3.0(syn3.0)을 만듭니다. 이 생명체의 유전자는 앞서 합성한 세균 유전체의 절반에 불과했습니다. 유전자로 따지면 500개가 채 되지 않았죠. 염기서열로는 53만 1,000개로 구성되어 있어요. 이 정도의 유전자로만 생명체를 구성하고 유지할 수 있다는 것이 놀라울 정도입니다. 그래서 이 연구 결과는 생명체를 구성하기 위한 최소의 유전 정보와 유전자 수를 밝혔다는 점에서 중요한 의미를 지닙니다. 이제 이 생명체는 기존에 존재하던 생명체와는 완전히 다른 '새로운 생명체'라고 볼 수 있습니다. 구성하고 있는 유전자가 달라졌으니까요.

그런데 '신3.0'이라고 하면 그전에 2.0과 1.0 버전도 있었다는 뜻이겠죠? 크레이그 벤터 팀은 신1.0을 시도하면서 염기서열에 'What I can not create, I do not understand.'라는 말을 새겨 넣었는데요. '만들어 낼 수 없다면 이해하지 못한 것이다.'라는 뜻으로 미국의 현대 물리학자 리처드 파인만(Richard Feynman)이 한 말이지요. 생명체를 만들어 낼 수 없다면 진정으로 생명을 이해한 것이 아니라는 의미이기도 합니다. 합성생물학을 통해 생명에 대해 더 깊은 이해가 가능하다고 여기는 거죠.

2021년 벤터 연구진은 신 3.0에 세포 분열에 관여하는 유전자 7개를 포함한 19개의 유전자를 추가합니다. 이를 통해 세포 분열로 번식하는 신 3A(JCVI-syn 3A)를 만드는 데 성공하지요. 이제 진정한 의미의 인공 생명체에 거의 다다른 것 같습니다.

합성 생물학 연구에는 또 다른 거대한 목표가 있습니다. 우리 인간은 생명체로서 다양한 물질을 만들어 내는데요. 아밀로오스나 펩신과 같은 소화 효소, 아드레날린이나 에피네프린 같은 호르몬, 케라틴이나 콜라겐 같은 각종 단백질 등 인간의 몸이 만들어 내는 물질은 모두 DNA에 그 설계도가 있습니다. 바로 이 유전자 서열을 합성할 수 있느냐가 합성 생물학의 큰 목표가 될 것입니다.

또 우리 몸의 세포는 모두 같은 유전자를 가지고 있습니다. 그런데 '펩신' 세포는 위에서 위액을 분비하는 위샘 세포뿐입니다. 마찬가지로 에피네프린이나 아드레날린, 콜라겐 같은 물질을 만드는 세포도 한정되어 있습니다. 또 아무 때나 만드는 것이 아니라 일정한 조건이 되어야 만들어 내지요. 이 모든 것이 일종의 암호로 유전

아밀로오스
아밀로펙틴과 함께 녹말의 주성분을 이루며 맛과 냄새가 없는 흰색 분말로, 아이오딘을 가하면 푸른빛을 띤 자주색으로 변한다.

에피네프린
신경 전달 물질의 하나로, 교감 신경을 자극하여 혈압을 상승시키고 심장 박동 수와 심장 박출량을 증가시킨다.

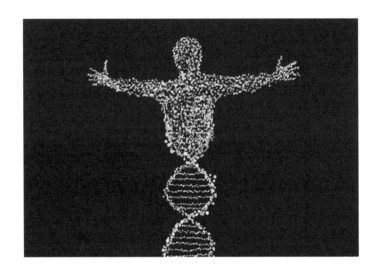

자에 새겨져 있습니다. 따라서 유전체 합성이 가능하다는 것
은 앞으로 이런 조절 기능에도 손을 댈 수 있다는 뜻이지요.

합성 생물학은 벌써 상용화되어 우리에게도 큰 영향을 주
고 있습니다. 화이자, 모더나는 전달(messenger)을 의미하는
mRNA 백신인데요. DNA 합성과 같은 방법으로 mRNA를 합
성해 만든 대표적인 백신입니다. 비교적 생산이 쉽다는 특징이
있어요. 합성 생물학과 자동화 기술 그리고 인공지능을 통해
이 과정을 대량으로 빠르게 진행했지요.

한편, 이런 합성 생물학과 인공 생물체에 대해 우려의 목소리도 큽니다. 먼저 인공 생명체가 생태계로 퍼지면 환경을 파괴할 수도 있고, 또 다른 세균과 결합하여 치명적인 병원균이 될 수도 있다는 의견입니다. 나쁜 마음을 먹으면 군사용 생체 무기로 활용될 수 있을 테고요. 실제로 벤터 박사의 연구팀이 조립한 염기서열과 유전자의 비밀이 모두 파악된 것은 아닙니다. 아직 밝혀야 할 것이 많이 남아 있다는 뜻이지요. 이런 상태에서 인공 생명체가 생태계에 노출되면 심각한 문제가 발생합니다. 또 합성 생물학을 충분한 검증 없이 사람에게 적용하려는 것에 대한 문제 역시 앞으로는 중요한 사회 윤리적 논쟁이 될 것입니다.

유전자 드라이브로 특정 형질을 널리 빨리 퍼뜨릴 수 있게 된다면

생명과학자들이 유전자 편집을 통해 꿈꾸는 또 다른 야망은 유전자 드라이브입니다. 2003년 진화유전학자인 오스틴 버트(Austin Burt)가 제안한 것인데요. 어떤 생물 종 집단 전체에서 특정 유전자를 갖는 개체 수를 조절하는 방법을 의미합니다. 쉽게 말하자면 우리나라 사람들의 경우 혈액형이 A형인 사람은 34퍼센트 정도고 B형은 27퍼센트 정도입니다. 그런데 이를 유전자 편집을 통해 A형을 45퍼센트 정도로 올리고 B형을 16퍼센트 정도로 낮추는 식의 기술을 유전자 드라이브라고 하지요.

유전자 드라이브는 유전자 편집의 효과를 개체에서 끝내지 않고 종 전체로 퍼지게 합니다. 앞서 유전자 편집 아기 이야기를 했지요. 이렇게 편집된 아기가 새로 가지게 된 유전자는 그 아기의 미래 자손들에게도 그대로 전달됩니다. 즉, 대를 잇는 것이지요. 유전자 드라이브는 여기서 그치지 않고 그 종 전체로 유전자를 퍼뜨리는 효과를 냅니다.

과학자들이 이런 연구를 하는 이유는 단순한 호기심 때문만은 아닙니다. 예를 들어 모기 문제가 있습니다. 모기에 물려서 붓고 간지러운 것도 성가시지만 특정 모기는 단순히 불편한 게 아니라 매우 위험합니다. 열대 지역의 말라리아모기나 일본 뇌염을 옮기는 뇌염모기는 사람의 생명을 앗아가기도 하니까요. 하지만 이런 모기를 없애려고 살충제를 뿌리는 건 근본적인 대책이 되기 힘듭니다.

모든 모기를 죽이지 않으면 살아남은 모기가 다시 번식해서 개체 수를 늘리기도 하고, 살충제에 내성이 생겨 잘 죽지

않기도 합니다. 더구나 모기를 죽이겠다고 뿌린 살충제에 다른 곤충들이 피해를 입기도 하거든요. 그래서 모기만 아예 없애 버리려고 유전자 드라이브를 사용하려는 것이지요. 실제 사례를 살펴볼까요?

2013년 영국 임페리얼 대학교의 연구팀은 모기의 유전자 3개를 변형시켜 알을 낳지 못하게 만들었습니다. 그러나 불임 돌연변이는 알을 낳지 못해 후대로 유전될 수 없었습니다. 그 효과가 모기 전체에 퍼지기 힘들었지요. 하지만 유전자 드라이브를 적용하면 4세대가 지나면서 75퍼센트의 모기가 불임 유전자를 가지게 할 수 있습니다. 실제 실험 과정에서는 25세대까지 적용하자 유전자 드라이브 효과를 상쇄시키는 다른 변이가 만들어지고, 이 변이가 자연 선택되는 효과가 나타났죠.

이런 식으로 유전자 가위를 이용하면 특정 형질이 전체 개체군에 빠르게 전달될 수 있어서 '드라이브(drive)'라는 용어를 씁니다. 하지만 아직 유전자 조작 모기가 생태계에 투입되고 있지는 않습니다. 생태계에 미치는 영향을 좀 더 정확하게 알아보는 과정이 필요한 탓이지요. 아직은 더 많은 연구와 검증이 필요합니다.

놓치지 마요

유전자 편집 핫&이슈

유전자 편집 심장 치료, 인체 실험 돌입

미국 바이오 기업 버브테라퓨틱스는 뉴질랜드에서 심혈관 치료제 후보 물질 VERVE-101의 임상 시험 승인을 받았다. 이 주사 약물은 PCSK9 유전자의 염기 하나를 바꿔 나쁜 콜레스테롤이 혈관에 쌓이는 것을 막아 준다. 한 번의 주사로 효과가 1년가량 지속된다고 한다.

- -

유전자 편집 아기 관찰, 감시일까?

2018년 11월 중국의 허젠쿠이 교수가 유전자 편집을 한 쌍둥이를 탄생시켰다. 교수팀은 유전자 가위를 이용해 에이즈 감염에 핵심적인 유전자를 교정했는데, 아기들의 미래에 어떤 영향을 줄지 검증되지 않은 상태였다. 이에 쌍둥이의 유전자를 정기적으로 검사해야 한다는 주장이 제기되는 한편, 불필요한 감시일 수 있다는 우려도 이어지고 있다.

- -

영국, 유전자 편집 농작물 생산 허용

2022년 러시아가 우크라이나를 침공하면서 식량 위기가 닥치자 영국 정부는 유전자 편집 농작물 재배를 허용하는 법안을 의회에 상정했다. 정밀 기술을 적용해 농작물 번식을 촉진하고 적은 양의 비료와 물로도 수확량을 증가시킬 수 있으므로 장기적인 세계 식량난 대처에 꼭 필요하다는 이유다. 반면, 유럽 연합(EU)은 유전자 편집 기술을 유전자변형생물(GMO)과 같이 규제해야 한다고 했다.

유전자 편집 아기,
인류의 미래를 위해 허용해야 할까?

○ 찬성 ○

1. 치명적인 유전병을 예방할 수 있다

유전병을 가진 사람은 그 유전병이 자녀에게 후대로 될 것에 대해 항상 걱정한다. 유전자 편집은 이런 고민의 해결책이 될 수 있다.

2. 더 나은 자손을 얻고자 하는 것은 개인의 자유다

내가 가진 삶을 불편하게 만들었던 유전자를 자녀에게 물려주고 싶지 않은 것은 부모의 당연한 마음일 것이다. 이를 타인이 막을 권리는 없다.

3. 유전자 편집을 통해 미래 인류는 지금보다 더 건강하고 우월한 존재가 될 수 있다

유전자 편집으로 삶의 질을 떨어뜨리는 유전자를 제외하면 미래 인류는 더 우월한 삶을 사는 존재가 될 수 있을 것이다.

그래,
인류가 더 건강한 삶을 살 수 있어!

✖ 반대 ✖

1. 유전자 편집의 결과를 확실히 알 수가 없다

아직 유전자 편집이 낳을 결과를 100퍼센트 확신할 수 없다. 유전자 편집으로 원하지 않던 결과가 나올 경우 그 책임을 어떻게 질 수 있을까?

2. 유전자 편집은 부모의 권리가 아니다

자기 자식이라고 해도 어떠한 유전자를 가질 것인지 부모가 결정할 권리는 없다. 자녀의 진로나 직업에 대해 부모가 권고는 할 수는 있어도 결정권이 없는 것과 같다.

3. 부유한 사람과 가난한 사람의 후손 간 차이가 커지는 등 장기적으로 불평등이 심화될 것이다

유전자 편집에는 많은 비용이 든다. 따라서 부유한 사람의 자손이 더 경쟁에 우월한 유전자를 가지게 되고 가난한 사람은 그런 선택을 할 수가 없다. 대를 이어 불평등이 더 커지게 만들 것이다.

2

감염병과 백신

감염병 X의 시대,
좋은 바이러스도 있을까?

인류의 역사는
감염병의 역사다

2022년 4월, 2년이 넘는 시행 끝에 마침내 사회적 거리 두기가 해제됐습니다. 코로나19가 완전히 끝난 것은 아니었지만, 일상 회복이 본격적으로 시작된 것입니다.

코로나19처럼 사람 사이에 전염되는 병을 전염성 감염병이라고 합니다. 겨울이면 찾아오는 감기도 그렇고 열대 지방에서 유행하는 말라리아, 콜레라 등이 대표적인 전염성 감염병이지요. 감염병은 인류의 역사를 바꾸기도 합니다. 중세 유럽에선 몽골에서 옮겨 온 페스트로 당시 인구의 3분의 1 이상이 죽었습니다. 남아메리카 원주민들도 스페인 사람들이 옮긴 천연두 때문에 제대로 대항도 하지 못하고 식민지화되었죠. 옛날 공익광고에는 "호환, 마마, 전쟁 등이 가장 무서운 재앙"이라는 표현이 있는데요. 이때 '마마'가 바로 두창(천연두)을 의미했습니다. 불과 백여 년 전인 1918년에는 스페인 독감으로 5천만 명 가까이 죽었고, 말라리아는 한 해 80만 명 이상을 죽음으로 내몰고 있어요. 코로나19의 경우 2022년까지 6억 명 정도가 감염되고 650만 명 가까이 사망했어요.

전염성 감염병

전염병은 사람 간에 옮겨지는 질환이나 병을 칭했으나, 세균이나 바이러스, 기생충, 진균 등 병원체에 감염되어 발병하는 질환 전반에 걸쳐 썼다. 하지만 사람 간에 옮겨지지 않는 병도 있다는 걸 발견했고, '병원체'에 의해 걸리는 병을 '감염병', 그 중 '전염성'이 있는 걸 '전염성 감염병'이라고 한다.

감염병과 인류의 관계는 역사 이전부터였습니다. 그래서 아주 옛날 사람들도 감염병이 무엇인가에 의해 옮겨지며, 한 번 걸렸다 나으면 같은 병에 걸리지 않는다는 사실 정도는 알고 있었습니다. 그래서 감염병 환자를 돌보는 일은 한 번 걸렸다 나은 사람들이 맡아야 했어요. 또 일부러 환자의 분비물을 자신의 몸에 발라 약하게 감염병에 걸렸다가 낫는 방식을 써 보기도 했습니다. 그러나 당시 의료 수준으로는 얼마나 '약하게' 감염되었는지 알 수 없었으니, 분비물을 바르다 제대로 걸려 아예 사망하는 경우도 많았습니다. 그래서 대부분은 걸렸다 나으면 괜찮다는 걸 알지만 일부러 걸리려 하진 않았지요.

그러다 18세기 말에 영국의 에드워드 제너(Edward Jenner)가 소들이 걸리는 천연두(우두라고 하며 사람이 걸리는 천연두와는 다름)에 감염이 되었다 나으면 사람이 앓는 천연두에는 걸리지 않는다는 걸 발견했습니다. 그는 우두에 걸린 소의 분비물을 정제해서 사람에게 놓는 방법을 최초로 시도했지요. 19세기에는 프랑스의 루이 파스퇴르(Louis Pasteur)가 병원균을 분리해서 배양하는 데 성공했어요. 그리고 이 병원균의 독성을 약화하는 데도 성공했지요. 최초로 제대로 된 백신을 만든 것입니다.

병을 일으키는 미생물, 병원체를 해부해 보자

먼저 병원체에 대해 알아볼까요? 사람이나 동물의 체내에서 병을 일으키는 미생물을 병원체라고 하는데 종류가 참 다양합니다. 우선 곰팡이의 일종인 진균이 있습니다. 그리고 우리 눈에 보이지 않는 단세포 생물로는 주로 원생생물이라고 부르는 진핵 단세포 생물이 있고, 원핵생물인 박테리아(세균)가 있습니다.

생물이 아니어도 감염병을 일으킬 수 있는데요. 생물과 무

위 영국의 화가 프랭크 콜린스가 1881년에 그린 천연두 환자를 수용하고 치료한 천막 캠프 풍경

아래 국제보건기구(WHO)의 1979년 천연두 종식 선언 마크와 천연두 바이러스 전자 현미경 사진

생물의 경계에 있는 바이러스와 무생물인 프리온이 있습니다. 진균, 원생생물, 세균, 바이러스, 프리온 이렇게 크게 다섯 종류로 나눌 수가 있지요.

원생생물
세균을 제외한 단세포 생물을 통틀어 이르는 말로, 조류와 점액균, 원생동물 등이 있다.

원핵생물
DNA가 뭉쳐진 염색질은 있지만 이를 보호하는 핵이 없는 생물로 세균과 고세균이 해당된다.

무좀이나 식물 잎을 갉아먹는 감염병은 곰팡이라고도 하는 진균 때문입니다. 열대 지방의 말라리아는 말라리아 원생생물에 의해 나타나지요.

세균에 의해 일어나는 감염병에는 결핵, 콜레라, 장티푸스, 이질, 패혈증, 쯔쯔가무시증, 디프테리아 등이 있습니다. 바이러스에 의해 일어나는 감염병은 감기나 독감, 일본뇌염, 뎅기열, 후천성 면역 결핍증, 간염, 홍역, 풍진, 코로나19 등이 있고요. 프리온은 소의 뇌에 광우병(소해면상뇌증)을, 인간의 뇌에는 크로이츠펠트-야콥병을 일으킵니다.

이런 감염병을 치료하는 약물은 대상 병원체가 세균이면 '항생제'라고 부릅니다. 인체에 침입한 세균을 죽이는 약물이지요. 무좀처럼 진균에 감염되면 '항진균제'라는 약물을 씁니다. 그리고 바이러스를 없애거나 증식을 억제하는 경우는 '항바이러스제'라고 하지요. 바이러스에 감염되는 대표적인 질병이 감기나 독감인데요. 이때 맞는 주사는 항바이러스제가 아니라 항생제입니다. 감기나 독감으로 인체 면역 기능이 약화되면 세균 감염이 우려되어 놓는 것이지요.

그런데 감염병 관련 약물이 다양하긴 해도 걸린 뒤 치료하는 것보다 아예 걸리지 않도록 미리 예방하는 것이 사실 훨씬 좋은 방법입니다. 이를 위해 등장한 것이 바로 예방 주사, 백신이지요.

백신은 어떻게 우리가 감염병에 걸리지 않도록 하는 걸까요? 우선 우리 몸의 면역 체계를 알아야 합니다. 외부에서 들어오는 다양한 물질 중 몸에 해로운 작용을 하는 녀석들을 없애 주는 친구들을 '면역 체계'라고 합니다.

항체, 한 번 속지 두 번은 안 속아!

우리 몸에 침투하는 물질들은 대부분 호흡기나 소화기 혹은 상처를 통해 들어옵니다. 그리곤 혈관을 타고 온몸으로 퍼지지요. 따라서 면역 체계가 해야 할 가장 중요한 일은 병원체가 온몸에 퍼지기 전에 침입 부위나 혈관 내부에서 제거하는 것입니다. 이 일을 담당하는 것이 백혈구입니다. 백혈구는 외부 물질이라고 파악이 되면 그냥 삼켜버립니다. 그리고 백혈구 안에서 분해 효소를 통해 처리하지요.

백혈구는 자기에게 등록되지 않은 외부 물질은 가차 없이 공격해서 먹어 치웁니다. 그래서 외부에서 들어온 병원체가 얼마 되지 않을 때는 우리도 모르는 사이에 백혈구에 의해 처리되는 경우가 꽤 있습니다. 하지만 병원체라고 가만히 있지는 않지요. 다른 생물의 몸속에서 영양분을 얻고 번식을 해야 하는 병원체들도 면역 체계에 대응하도록 진화되었거든요.

영화를 보면 스파이들이 적군의 아지트에 들어갈 때 마치 그곳에 원래 드나드는 사람인 것처럼 위장하곤 하지요. 들어가선 사람들과 마주치지 않게 재빠르게 목적지로 이동하고요. 마찬가지로 병원체들도 자신이 외부 물질임을 숨기도록 진화합니다. 그래서 우리 몸에 들어와도 백혈구 눈에 띄지 않지요. 또 일단 몸 안에 들어오면 최대한 빠르게 세포 안으로 들어갑니다. 백혈구는 혈관이나 조직액 사이에서만 일하고 세포 안까지 쫓아갈 수 없거든요. 세포 안에서 병원체들은 최대한 빠르게 번식합니다. 그리고 충분한 숫자가 되면 세포를 터트리고 빠져나와 다시 혈관을 타고 다른 세포들 속으로 잠입하지요.

우리 몸도 가만히 있을 수 없지요. 이런 상황에 대비하기 위해 백혈구는 한 종류가 아니라 꽤 다양합니다. 호중구, 호산구, 호염기구 등의 백혈구도 있고 B림프구, T림프구, 단핵구라는 백혈구도 있습니다. 이 중 백신과 관련된 부분은 체액성 면역에 관계하는 B림프구가 중심이 됩니다.

몸에 처음 침입한 병원체를 잡아먹은 백혈구 중 일부는 그 병원체의 조각 일부(주로 세균의 세포벽이나 세포막 바깥 물질)를 남겨 B림프구에게 넘겨주죠. 그럼 B림프구는 이를 이용해 병원체의 조각에 맞는 항체를 아주 많이 만듭니다. 항체는 혈액을 타고 온몸으로 퍼져나가서 병원체에 달라붙어 일종의 표지가 됩니다. 그럼 이 표지를 파악하고 다른 백혈구들이 몰려들어 병원체를 죽이는 거죠. 그리고 B림프구의 일부는 '면역 기억 세포'가 되어 남게 됩니다. 같은 종류의 병원체가 다음에 또 침입하게 되면 전보다 더 빠르게 항체를 만들어 초기 진압을 하는 것이지요. 그래서 우리 대부분은 한 번 걸린 병에 두 번 걸리지 않아요.

병원체와의 싸움은 사실 시간 싸움입니다. 처음에 백 마리였던 병원체가 2백 마리가 되는 데 한 시간이 걸렸다면, 한 시간이 더 지나면 4백 마리, 한 시간이 또 지나면 8백 마리, 또 다시 한 시간이 지나면 1천 6백 마리 이런 식으로 기하급수적

B림프구(B세포)의 반응

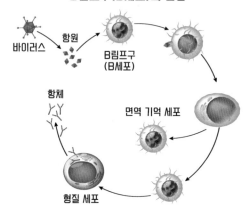

바이러스
항원
B림프구
(B세포)

항체

면역 기억 세포

형질 세포

T림프구(T세포)의 반응

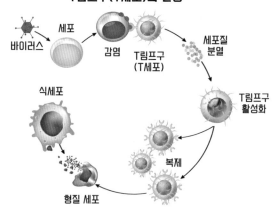

바이러스
세포
감염
T림프구
(T세포)

세포질
분열

T림프구
활성화

식세포

복제

형질 세포

——○ B림프구와 T림프구의 면역 시스템 작동 방식

으로 늘어나기 때문이지요.

이런 싸움에서는 초기 진압이 중요합니다. 처음에 백 마리일 때 백혈구가 90마리를 잡아 버릴 수 있으면 그다음 나머지 열 마리가 번식해서 스무 마리가 되어도 쉽게 제압할 수 있는 것이지요. 하지만 처음에 제압하지 못해서 몇천 몇만이 되어 버린다면 이제 백혈구가 잡는 속도보다 병원체가 늘어나는 속도가 더 빨라져 손을 쓸 수 없게 됩니다.

그래서 항체가 중요합니다. 병원체가 처음 몸에 들어왔을 때 백혈구 몰래 번식하는 시간을 주지 않기 때문입니다. 백신은 바로 이 항체를 미리 몸 안에 만드는 일을 합니다. 우리가 사는 세계에는 아직 종류가 얼마나 되는지도 파악하지 못한 수많은 세균과 바이러스 그리고 진균 등 병원체가 존재합니다. 이들 모두에 대한 항체를 만든다면 아마 혈관이 항체로 가득 차서 피가 움직일 수도 없게 되겠지요.

그래서 우리 몸은 엄마에게서 물려받은 몇 가지 중요한 항체와 살아가면서 우리 몸에 침입한 물질에 의해서 생긴 항체 정도만 가지고 있습니다. 좀 더 정확히 말하자면 항체를 만드는 방법을 기억하고 있는 기억 세포를 가지고 있는 셈이지요.

그러니 아직 우리 몸에 침입하지 않은 세균 등에 대해서는 항체나 항체를 만들 기억 세포도 있을 수가 없지요. 새로운 감염병이 유행하면 아무도 기억 세포를 가지고 있질 않으니 많은 사람이 감염병에 걸리게 되는 이유입니다. 백신은 이런 항체와 기억 세포가 우리 몸에 생기게끔 만들어 줍니다.

우리가 맞는 백신, 언제부터 어떻게 만들어졌을까?

백신이 처음 만들어질 때는 생명과학이 아직 발달하기 전이었습니다. 이때는 감염병에 걸린 사람에게서 병원체를 채취해서 만들었어요. 살아 있는 병원체를 그냥 주사하면 맞는 사람이 감염병에 걸릴 우려가 있으니 병원체를 죽여 사(死)백신을 만들었지요. 하지만 이렇게 죽인 백신으로는 예방 효과가 잘 일어나지 않는 경우도 있었어요. 이런 경우에는 병원체를 완전히 죽이지는 않고 약화시켜 백신을 만들기도 했습니다. 이런 백신은 '약독화 백신'이라고 하지요.

약독화 백신은 자연 감염과 비슷하기 때문에 항체를 많이 만들고 면역 기능도 오래 지속됩니다. 병원체가 세균인 경우에 이런 방식으로 만든 백신이 주로 사용됩니다. 홍역이나 볼거리, 천연두, 수두 같은 경우가 약독화 백신을 사용하지요.

하지만 약화되었다고 해도 살아 있는 병원체다 보니 백신을 맞은 후 후유증이 상대적으로 많이 남습니다. 사백신은 열이나 방사선, 화학 물질로 죽인 병원체를 사용하는데, 약독화 백신보다 안정성이 높지만 지속 시간이 짧아 여러 번 접종해야 한다는 단점이 있어요. 간염이나 독감, 소아마비 등이 이런 종류의 백신을 사용합니다.

두 종류의 백신은 개발하는 데도 시간이 오래 걸리고, 한꺼번에 많은 양을 생산하기도 쉽지 않습니다. 생명과학자들과 제약 회사들은 좀 더 효율적인 방식으로 백신을 만들고 싶었죠. 그래서 20세기 후반 발전한 생명과학 기술을 이용합니다. 앞서 항체가 병원체 조각의 일부로 만들어진다고 했던 것 기억하나요? 이걸 이용하는 것입니다.

전에는 병원체 조각을 떼어 내기가 쉽지 않았는데 생명과학이 발달하면서 병원체의 껍질이나 세포막을 구성하는 단백질 조각, 다당류 등을 주성분으로 백신을 만드는 게 가능해지면서 대량 생산에 유리하게 되었어요. '아단위 단백질 백신'이라고 하는 말라리아 백신과 독감 백신이 대표적이고 미국의 노바백스 사가 개발한 코로나19 백신도 같은 방식입니다.

아단위 단백질 백신과 함께 20세기 후반에 새로 개발된 방법이 '바이러스 유사입자 백신'입니다. 이 또한 사백신과 약독화 백신의 단점을 극복하고자 개발된 것이지요. 그래서 아단위 단백질 백신과 비슷한 시기에 등장합니다. 바이러스는 유전 정보를 담은 RNA나 DNA를 단백질 결정으로 감싼 형태의 물질입니다. 감염과 증식은 이 RNA나 DNA에 의해 일어나지요. 그리고 항체는 껍질인 단백질 결정에 따라 형성됐습니다. 그래서 바이러스와 유사한 단백질 껍질만으로 이루어진 백신을 투여하는 것입니다. 자궁경부암 백신인 서바릭스나 가다실

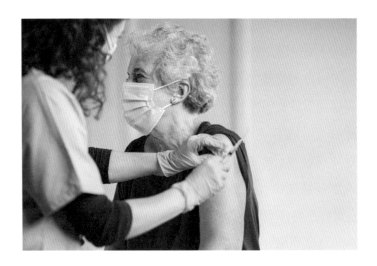

의 경우가 이에 해당됩니다.

톡소이드(toxoid) 백신도 있습니다. 파상풍이나 디프테리아의 경우 병원체인 세균이 아니라 그 세균이 만든 독소에 의해 질병이 생깁니다. 독소에 맞서 면역이 형성되면 세균이 들어와도 안전하지요. 그래서 독소를 변성시켜 독성을 일으키지 못하게 백신으로 만들어 사용했습니다. 이렇게 만들게 되면 비용도 쌀뿐더러 대량 생산도 쉽고, 부작용도 적습니다. 톡소이드란 이름은 영어의 '독(toxin)'에서 유래했지요.

앞서 유전자 편집 기술이 20세기 말에서 21세기 초에 크리스퍼 혁명을 거치면서 아주 빠르게 발전했다고 설명했지요? 21세기 들어 크리스퍼 유전자 가위를 이용한 새로운 백신 기술이 등장합니다. DNA 백신과 mRNA 백신이죠.

그런데 DNA 백신과 mRNA 백신은 코로나19 전에는 사람이 아닌 동물에게만 상용화되었습니다. 개발된 지는 20년이 훨씬 넘었지만 인간을 대상으로는 임상 시험 중이었어요. 이들 백신의 장점은 무엇보다도 연구 기간이 짧고 대량으로 빠르게 만들 수 있다는 것입니다. 보통 새로운 감염병이 등장하고 이에 대한 백신을 만들려면 짧게는 5년에서, 길게는 10~20년까지 가기도 하지요. 하지만 코로나19의 경우 DNA 백신과

mRNA 백신 기술을 이용해서 1년이 조금 지나 백신이 나왔고, 전 세계에 공급할 만큼 많은 양을 단기간에 생산해 낼 수 있었죠.

그러나 문제가 없는 것은 아닙니다. DNA 백신이든 mRNA 백신이든 항체 생산량이 적어서 면역 반응과 예방 효율이 낮습니다. 그리고 DNA 백신은 몸 안에 들어와서 mRNA에 의해 전사된 뒤 다시 단백질 합성이 이루어져야 합니다. 이렇게 두 번의 과정을 거치다 보니 mRNA보다 효율이 더 낮습니다. 반면, mRNA 백신의 효율은 DNA 백신보다 좋지만 쉽게 분해되는데요. 그래서 몸 안에 들어와 오랜 시간 동안 항체를 만들지 못한다는 단점이 있지만 유전공학의 발달로 mRNA 백신의 안정성이 높아져서 현재 DNA 백신은 거의 개발되지 않고 mRNA 백신이 사용되고 있습니다.

여기서 끝나지 않습니다. mRNA는 분해가 쉽고 사람 몸에는 이 mRNA를 분해하는 효소가 체내 곳곳에 있습니다. 그래서 mRNA를 보호하도록 세포막과 비슷한 지질로 둘러쌉니다. 이렇게 나노미터 크기의 지질에 둘러싸인 mRNA를 주사하는 것인데, 그렇다고 하더라도 일반적인 온도에서는 쉽게 분해될 수 있어 냉동 혹은 냉장 보관을 하게 됐습니다. 따라서 유통 과정도 복잡해지고 백신 접종 비용이 전반적으로 오를 수밖에 없었지요.

코로나19가 워낙 빠르게 퍼지고 그로 인한 피해가 누적되면서 제약 회사들은 사백신이나 약독화 백신처럼 개발 과정이 오래 걸리는 백신보다 빠르게 개발하는 mRNA 백신을 택했습니다. 결국 현재 코로나19 백신은 아단위 단백질 백신이 주를 이루고 있습니다.

백신 윤리,
누가 먼저 맞아야 할까?

여러분은 백신 접종에 대해 어떻게 생각하나요? 많은 사람이 백신을 맞아야 한다고 생각하지만, 우려하는 사람도 적지 않습니다. 백신이 진짜 질병을 예방하는지에 대해 의문을 가진 사람도 있고, 부작용이 두려운 사람도 있지요. 많은 사람이 코로나19가 유행하는 과정에서 백신 접종에 대해 어떻게 생각하는지 제게 물었는데요. 제 입장에서는 접종은 권리이기도 하지만 의무이기도 하다는 대답을 하고 싶습니다.

코로나19 백신을 무료로 맞는 것은 우리 시민들이 건강할 권리를 갖고 있기 때문이지요. 정부가 그 권리를 위해 비용을 댄 것입니다. 마찬가지로 우리가 어릴 때 기억은 잘 나지 않겠지만 디프테리아, 콜레라, 결핵 등의 감염병 백신을 맞았는데 그 또한 무료였습니다. 역시나 국가적인 지원이 있었죠. 이처럼 백신을 맞는 것은 우리의 권리입니다.

백신 접종은 사회적 의무이기도 합니다. 접종을 통해 일종의 사회적 방화벽을 설치하는 셈이거든요. 앞서 언급한 것처럼 감염병은 사람과 사람 사이에서 옮겨집니다. 그런데 백신을 맞은 사람은 그 병을 옮기지 않습니다. 나와 감염자 사이에 백 명의 사람이 있다고 생각해 봐요. 감염자와 접촉하고 연이어 나와 접촉할 수 있는 사람이 그중 약 10명 정도가 될 것입니다. 10명 중 9명이 백신 접종을 한 상태라면 나에게 감염병균이 올 확률은 10분의 1밖에 되지 않습니다.

코로나19가 처음에 급속하게 퍼진 이유는 백신이 아직 개발되지 않아서 이런 사회적 방화벽이 존재하지 않았기 때문입니다. 앞서 백신은 체내 항체를 만들어 병원균으로부터 보호하는 원리라고 했습니다. 사회도 마찬가지입니다. 백신을 맞은 집단이 항체가 되어 전염병의 확산을 막는 것이죠. 그런데 '설마 내가 걸리겠어?' '혹시라도 부작용이 생기면 어떡해?' 같은 인식이 퍼져나가면 심각한 사태가 생길 수 있는 것입니다.

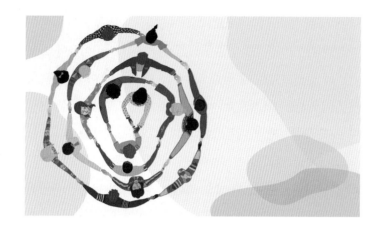

　실제로 우리나라의 경우 백신을 맞지 않는 이들이 소수라 전국적으로 코로나19 환자가 계속 감소하고, 발생해도 죽거나 심각한 후유증을 앓는 경우가 줄어들고 있습니다만, 백신에 대한 거부감이 큰 미국의 경우 백신을 맞지 않은 집단을 중심으로 코로나19가 계속 확산되었지요.

　무엇보다 중요한 점은 맞고 싶어도 맞을 수 없는 경우가 있다는 것입니다. 코로나19의 경우 초기 임상 시험이 성인을 대상으로 이루어졌기 때문에 스무 살 이하의 청소년들은 백신 접종을 하지 못했습니다. 2022년 1월이 되어서야 만 12세 이상이 접종 대상이 되었어요.

왜 어린아이들에게 접종을 금지했을까요? 어린이들이 코로나19에 감염되었을 때 중증으로 발전할 확률이 아주 낮은 것도 이유지만, 근본적으로는 어린이를 대상으로 한 임상 시험이 아직 불충분했기 때문입니다. 미국 질병통제예방센터의 경우 만 5세 이하의 어린이들에게는 백신 접종을 권장하지 않습니다. 아나필락시스나 중증 전신성 알레르기 반응이 확인된 경우도 맞으면 안 됐고요. 기저 질환이 있는 임산부, 인공호흡기가 필요하거나 면역계에 손상이 있는 사람도 백신을 맞는 것이 위험할 수 있지요.

그러니 이들을 사회적으로 보호하기 위해서라도 백신을 맞을 수 있는 조건이 되는 대다수 시민은 백신을 맞아야 합니다. 특히 코로나19처럼 바이러스성 감염병이 크게 유행하면 급속도로 변이 바이러스가 만들어지는데요. 새로운 변이 바이러스는 기존 백신을 맞은 이들에게도 다시 감염을 일으키는 경우를 볼 수 있습니다.

코로나19가 다른 바이러스성 감염병보다 더 빠르게 자주 변이 바이러스를 만들어 내는 이유는 감염자 수가 너무 많기 때문이었습니다. 감염되는 사람이 많아지면 많아질수록 변이가 생기는 확률도 높아지기 때문이지요. 변이 바이러스는 기존 바이러스에 맞춰 준비한 방역 시스템을 무력화시키고 다시 사태를 악화시킵니다. 많은 사람이 헤어날 수 없는 고통에 빠지는 것이지요. 이런 상황을 막기 위해 더 많은 사람이 백신을 맞는 것이 무엇보다 중요합니다.

바이러스와 세균, 비슷하면서도 다른 존재들

기억하나요? 2020년 말 코로나19 백신 개발 소식이 들려오자 언론에서는 전 국민의 70퍼센트가 백신 접종을 마치면 집단 면역이 생겨 코로나19가 사라지고 일상으로 돌아갈 수 있을 거라고 예견했습니다. 하지만 2021년 9월, 1차 접종자가 70퍼센트가 넘고 재접종을 완료한 이들도 50퍼센트 정도 되는데 여전히 코로나19는 기승을 부렸습니다. 다른 백신의 경우 한두 번 맞고 나면 그 병에 걸릴 확률이 굉장히 낮아져서 거의 없다시피 한데, 왜 코로나19 백신을 맞은 사람 중에서도 감염자가 생겨나고 또 백신을 맞은 사람이 70퍼센트가 넘어가는데도 계속 감염자가 늘어났던 걸까요?

앞서 병원체의 껍질이나 세포막의 특정 성분에 대응해 항체가 만들어진다고 했습니다. 그런데 돌연변이가 일어나 그 성분의 모양이 바뀌어 버리면 항체가 작용할 수 없게 되는 경우가 생깁니다. 물론 항상 그렇다고 할 수는 없지만요. 그런데 돌연변이가 일어나는 비율이 병원체의 종류에 따라 다릅니다. 진핵생물은 변이 발생 비율이 가장 적습니다. 박테리아라고 불리는 세균은 그보다는 더 잦게 발생합니다. 그리고 바이러스는 변이 발생 비율이 가장 높습니다.

진핵생물은 세포 안 핵막이라는 단단한 막 안에 유전체인 DNA가 들어 있기 때문에 가장 잘 보호되고 있는 편이지요. 그래서 돌연변이는 잘 발생하지 않습니다. 하지만 원핵생물인 세균은 핵막이 없이 그저 세포질 안에 DNA가 있을 뿐입니다. 따라서 진핵생물보다는 돌연변이가 일어날 확률이 높은 것이지요. 바이러스는 아예 세포막도 없이 그저 단백질 결정에 쌓여 있을 뿐입니다. 그래서 변이 비율이 가장 높아요. 다시 말해, 바이러스의 경우 기존의 백신에 반응하지 않는 비율도 더 높아집니다.

변이가 일어나는 것은 확률적입니다. 가령 100만 개의 바이러스가 새로 만들어질 때마다 변이가 하나씩 발생하고, 이런 변이 중 기존의 바이러스보다 감염력이 더 높은 바이러스가 발생할 비율 역시 100만 분의 1이라고 가정해 보죠. 그렇다면 10조 개의 바이러스가 만들어질 때마다 기존 바이러스보다 감염력이 더 높은 바이러스가 만들어지게 됩니다. 그런데 바이러스가 많이 만들어진다는 건 그만큼 많은 사람이 감염되었다는 뜻이기도 합니다. 코로나19가 발생한 지 2년이 지나는 동안 알파, 베타, 감마, 델타, 오미크론으로 다섯 번 이상의 변이가 발생한 이유는 워낙 많은 사람이 감염되고 엄청나게 많은 바이러스가 만들어졌기 때문입니다. 그리고 이런 변이 중 기존 바이러스보다 감염력이 높은 변이는 자연스럽게

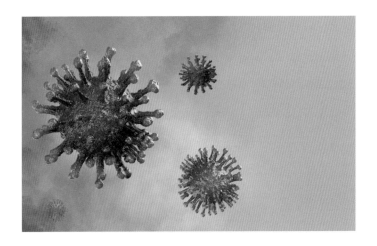

다른 바이러스보다 더 빨리 퍼지게 되니 짧은 시간 내에 전체 바이러스 중 차지하는 비중이 높아질 수밖에 없지요.

그래서 독감처럼 바이러스가 병원체이면서 또 전 세계적으로 많은 사람이 감염되는 경우는 매년 변이가 발생하여 작년에 독감 주사를 맞았어도 그 백신이 듣질 않으니 매년 새로운 백신을 맞아야 합니다. 하지만 독감은 오랜 시간 동안 사람에게 감염되면서 독성이 줄어들어 감염되어도 치명적인 증상을 보이는 경우가 드뭅니다.

이는 진화의 결과이기도 합니다. 바이러스는 살아 있는 생물체 내에서만 번식을 할 수 있습니다. 따라서 동일한 조건이면 생물체, 즉 인간을 오래 살아 있게 하는 쪽이 번식에 유리하겠지요. 따라서 독성이 약해 사람이 버틸 수 있는 수준으로 계속 진화가 이루어지는 거죠. 감기도 독감처럼 바이러스가 병원체인데 독감보다 독성이 더 약해져서 정상적인 면역 체계를 가진 사람들은 며칠 고생하는 정도로 끝나게끔 바뀐 것입니다.

코로나19는 인류에게 전파된 지 얼마 되지 않아 독성이 약해지기까지는 시간이 걸릴 수밖에 없습니다. 시간이 지나면 코로나19도 감기의 한 종류처럼 여겨지게 될 것입니다. 그때까지는 백신도 맞고, 마스크도 계속 써야겠지요.

감염병과 백신에 얽힌
불평등한 진실

이렇듯 누구나 걸릴 수 있는 코로나19는 언뜻 느끼기에 공평한 불행인 듯하지만 엄청난 불평등이 존재한다는 사실 또한 생각해 봤으면 합니다. 사실 코로나19뿐만 아니라 감염병, 나아가서 질병에 대한 불평등이라고 해야 할 것입니다.

코로나19 예방을 위해선 사회적 거리 두기와 마스크 쓰기가 가장 중요합니다. 다른 감염병도 마찬가지고요. 그러나 사회적 거리 두기를 하기 어려운 이들이 있습니다. 초기 코로나19가 유행할 때 교회 등 종교 시설을 제외하고 집단 감염이 가장 많이 발생한 곳이 '모여서 일해야 하는 장소'였습니다. 일명 '콜센터'라고 하는 상품이나 서비스 구매자의 문의에 응대하는 전화 상담 센터, 온라인 쇼핑몰의 물류 센터 등이 대표적입니다. 공장도 마찬가지고요. 이런 일은 재택근무로 대체할 수 없으니까요.

노인들이 거주하는 요양원 역시 집단 감염에 취약합니다. 하지만 집에 가도 돌볼 가족이 없거나 형편이 어려워 재택 간병인을 부르기 힘든 경우, 요양원에 머무를 수밖에 없습니다. 또 요양원 자체도 지불하는 금액에 따라 넓고 쾌적한 곳에 간

⊸ 코로나로 택배와 배달 등 비대면 일상을 유지하기 위해서는 누군가가
감염 위험을 무릅쓰고 장시간, 고강도의 노동을 해야 한다.

호 인력이 충분히 확보된 시설과 좁은 곳에서 다닥다닥 붙어
있는 시설의 차이가 많이 나지요.

또 고시원이나 쪽방촌처럼 가난한 사람들이 모여 사는 곳
도 위험한 것은 마찬가지입니다. 이런 곳에는 개인별 화장실,
부엌이 없어서 모두 공용 시설을 이용해야 하거든요. 코로나
19가 유행한다고 해도 계속 살 수밖에 없고 코로나19에 걸릴
확률도 높아집니다. 외국도 마찬가지입니다. 미국은 부유한

사람은 도시 근교의 단독 주택에서 살고 가난한 이들은 할렘이라 부르는 도심지의 좁은 아파트에서 생활하는 경우가 많습니다. 자연히 할렘에 사는 이들의 감염률이 더 높겠지요.

감염 가능성뿐만 아니라 백신 공급에서도 불평등은 존재합니다. 한국을 포함한 선진국, 부자 나라들은 다국적 제약 회사에 비싼 돈을 지불하고 먼저 백신을 공급받았어요. 전 국민이 부스터샷까지 세 번을 맞고도 남을 양이었지요. 하지만 가난한 나라들은 비싼 백신을 구하기 힘들어 가격이 상대적으로 싼 그리고 효과가 의문스러운 러시아나 중국산 백신을 공급받았는데 그마저도 전 국민이 모두 맞을 만큼 충분한 양을 확보하지 못했습니다.

더구나 가난한 나라의 경우 의료 시스템도 부자 나라만큼 잘되어 있지 못하니 코로나19에 걸려도 제대로 된 치료를 받기가 어렵지요. 우리나라의 경우 공공 의료 시스템이 비교적 잘 갖춰져 있고 또 의료 보험 제도도 치밀한 편이라서 코로나19에 걸려도 치료비 걱정 없이 병원에서 진료를 받을 수 있습니다. 하지만 당장 미국이나 다른 나라만 봐도 코로나19에 걸려도 병원비 때문에 치료를 받지 못하는 이들이 많은데요. 다른 감염병이나 질환도 마찬가지겠지요.

이런 의료 혜택의 불평등을 해소하기 위해서는 가장 먼저 국가의 노력이 필요합니다. 건강한 삶을 누리는 것은 시민이 가지는 가장 기본적인 권리 중 하나죠. 국가는 시민들이 건강할 권리를 누릴 수 있도록 다양한 제도를 만들어야 합니다. 가난한 나라의 시민들도 당연히 건강하게 살 권리가 있고, 이를 위해 선진국들의 의료 인력과 기술 지원이 절실하지요.

놓치지 마요

감염병과 백신 핫&이슈 ▼

슈퍼컴퓨터로 코로나19 재유행 예측

2022년 5월, 질병관리청은 감염병 예방을 위해 집단의 특성과 행동 양식을 담은 빅데이터를 만들어야 한다고 주장했다. 이를 위해 슈퍼컴퓨터를 도입해 인공 지능을 활용한 정밀한 감염병 예측 모형을 구축하겠다고 밝혔다. 하지만 감염병 전문가 중 일부는 슈퍼컴퓨터의 도입보다 연구원을 늘려 인적 역량을 강화하는 것이 더 중요하다고 주장했다.

원숭이 두창 등 계속되는 국제 공중 보건 비상사태

2022년 7월, 비상사태 종료 선언을 검토했던 세계보건기구(WHO)는 코로나19 확진 건수가 계속 증가하고 원숭이 두창 등 새로운 바이러스가 확산함에 따라 이를 유지하기로 했다. 또한 각 국가와 지역 사회에 원숭이 두창 관련 권고 사항을 마련하고 있다.

빌 게이츠, 감염병에 대응하는 한국의 활약 기대

2022년 8월 16일, 한국을 찾은 빌 게이츠 공동이사장은 미래 감염병 대응 및 대비를 위한 국제 공조 연설에서 한국의 역할을 기대하며, 과학 기술과 백신 생산 능력을 높이 평가했다. 또 코로나19 극복에 큰 도움을 줄 국가 중 하나라고 말했다.

백신 무용론 주장을 검열하는 것이 정당할까?

○ 찬성 ○

1. 백신의 효과는 과학적으로 증명되었다

백신 접종률이 낮은 국가와 지역에서 감염병이 빠르게 확산되는 것은 사실이다. 일부 부작용 때문에 백신의 효과를 무력화시키는 건 옳지 않다.

2. 재접종률이 떨어지면 백신의 효과도 떨어진다

수많은 시민이 이미 백신을 맞았고 다수가 효과를 보고 있다. 무용론이 확산되면 힘겹게 이루어 낸 공공 보건 시스템에 장애가 생긴다.

3. 표현의 자유보다 사회 안전 인식이 우선이다.

표현의 자유는 틀린 주장이 아니라 다른 주장에만 허용되는 것이다. 특히 가짜뉴스가 사회 안전을 위협할 때 검열하는 것은 당연하다.

맞아, 감염병 확산을 부추기는 가짜뉴스야!

안 돼,
언론의 자유에 어긋나!

✖ 반대 ✖

1. 백신 무용론은 근거 있는 주장이다

백신 접종을 완료했는데도 코로나19에 돌파 감염된 사례가 적지 않다.
따라서 백신 무용론은 정당한 지적이다.

2. 한 기업이 다수의 자유로운 의사 표현을 막을 수 없다

소수가 다수의 표현할 자유를 억압하는 사례로, 유튜브 등 어느 특정
기업이 이용자들의 발언을 검열하는 건 옳지 않다.

3. 표현 당시 틀린 주장으로 여겨졌지만 시간이 지나 바른 주장으로 밝혀진 경우가 있다.

가짜뉴스라고 해도 나중에 진실로 밝혀진 일들이 역사를 통틀어 적지
않다. 근거가 있다면 틀린 것이 아니라 다른 것이다.

3

미래 식량

먹는 게 귀찮아요.
한 알만 삼키면 배부른 알약이
얼른 개발되면 좋겠어요.

말도 안 돼.
세상에 맛있는 게 천지인데
알약으로 배를 채우다니!

먹는 걸 안 좋아하는 사람도 있지.
게다가 앞으론 지금과 다른
대체 식량을 고민해야 한다고.

육식 증가! 인구 증가! 기후 위기!
여기에 팬데믹이나 전쟁 등 이유로
이미 식량 위기가 시작되었으니 말이야.

세계는 전례 없는 재난을
마주하고 있습니다.
최근 팬데믹과 전쟁으로 굶주린 사람들이
전 세계 3억 명을 넘어섰습니다.
그 수는 지금도 급격히 늘어나고 있고요.

이런 재난 상황에
나도 가만있을 순 없지.
오늘부터 고기와는 안녕!
샐러드만 먹겠어!

작심삼일로 끝내지 말고
일단 주7일 육식을
주4일 정도로 줄여 보는 게 어때?

기후 위기, 환경오염, 식량 부족!
우리는 무엇을 먹게 될까?

사람이 늘어나면
먹는 입도 늘어난다

마블코믹스의 〈어벤져스〉에서 타노스는 우주의 균형을 맞추기 위해 우주 전체 인구의 절반을 없애려고 했습니다. 우주의 균형에는 생태계적 의미도 있겠지만, 타노스는 지금처럼 우주의 인구가 늘어나면 먹을 것이 부족해지고 가난한 사람부터 죽을 것이니 불공평하다고 생각했을 테지요. 그런데 지금부터 200년 전에도 타노스처럼 식량 문제를 걱정하던 이들이 많았습니다.

19세기 초 유럽인들의 고민 중 하나는 식량 문제였습니다. 인구는 계속 증가하는데 식량 생산이 인구를 따라잡지 못했기

때문이지요. 농사지을 만한 땅은 이미 경작
지로 사용하고 있는데 유럽의 인구는 하루
가 다르게 늘어나고 있었습니다. 더구나 식
민지에선 더 비싼 작물인 면화나 고무나무,
사탕수수 등 식량과는 거리가 먼 작물을 심

고 있었고 이마저도 농사지을 사람이 부족했어요. 당시 영국의
경제학자로 '인구론'을 주장했던 맬서스(Thomas Robert Malthus)
는 이를 두고 "인구는 기하급수적으로 늘어나는데, 식량은 산
술급수적으로 늘어난다."라고 표현했지요.

이 문제를 해결한 것은 20세기 초였습니다. 흔히 '녹색 혁
명'이라고 부르는데요. 공장에서 암모니아를 합성해 화학 비
료로 만드는 일이 가능해진 것이죠. 화학 비료를 뿌리자 농지
에선 이전보다 훨씬 많은 작물이 자랐고, 기존에 농사를 짓기
힘들었던 척박한 땅에서도 농사를 지을 수 있게 되었어요. 더
구나 제초제 등 농약이 개발되면서 한 사람이 경작할 수 있는
면적도 크게 늘어났습니다. 그 결과 식량이 부족해서 굶는 일
은 없게 되었어요. 전쟁이나 불평등 등 다른 이유로 먹을 것을
구하지 못하는 이들은 오늘날도 여전히 많지만요.

그런데 당시 세계 인구는 불과 20억 명 정도에 불과했습

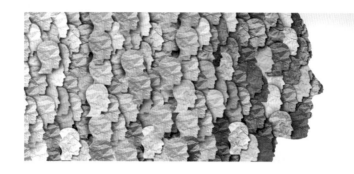

니다. 현재 전 세계 인구는 네 배 정도인 80억 명이 되었지요. 유엔 통계에 따르면, 앞으로도 인구는 계속 늘어 2050년 정도에는 100억 명을 돌파할 것으로 보입니다. 이제 화학 비료와 농약으로는 해결하기 힘든 상황이 도래한 것이죠.

환경 문제도 무시할 수 없습니다. 더 많은 식량을 생산하려면 농경지를 넓혀야 하는데, 숲이나 초원 지역이었던 곳을 개간해야 합니다. 밭은 숲에 비해 이산화탄소를 흡수하는 능력이 아주 작지요. 따라서 이산화탄소 흡수량이 대폭 줄어들게 됩니다. 생명 다양성을 위협하고 있는 건 말할 것도 없고요.

목축은 더 심각합니다. 전 세계 농지의 3분의 1이 가축 사료를 생산하고 있고, 새로 개간되는 농지의 절반 이상이 가축

사료용입니다. 게다가 소나 양, 염소 등의 가축이 먹은 걸 소화할 때 내뿜는 대량의 메테인(methane)은 공기 중에서 산소와 결합하여 이산화탄소를 만듭니다. 난방과 자동차 사용 등 인류가 뿜어내는 것만큼은 아니지만 적지 않지요.

갈수록 늘어나는 인구도 문제지만 또 다른 원인이 있습니다. 바로 육식의 증가입니다. 선진국의 경우 일인당 육류 소비가 이미 많아서 더는 증가하지 않지만, 현재 꾸준히 경제 성장을 하는 나라의 경우 살림살이가 나아짐에 따라 자연스럽게 육류 소비량이 늘고 있지요.

식량 위기의 첫 번째 해결사를 자처한 유전자변형생물 GMO

이처럼 사회적 문제가 결합된 식량 문제를 생명과학만으로 해결할 수는 없지만 분야에 따라 생명과학이 문제 해결에 앞장설 수도 있습니다. 어떤 연구들이 진행되고 있을까요?

농사에서 어려운 일 중 하나가 잡초 제거입니다. 시도 때도 없이 자라는 잡초는 작물이 무럭무럭 자라나며 가져가야 할 양분을 뺏어 버리죠. 그렇다고 사람 손으로 직접 제거하자니 한도 끝도 없습니다. 이럴 때 쓰는 것이 제초제입니다. 그런데 너무 강력하면 재배 작물에도 영향을 끼칠 수 있습니다.

그다음으로 괴로운 것은 해충입니다. 기껏 열심히 재배해 놨더니 애벌레들이 잎을 갉아먹고, 식물성 감염병이 돌기라도 하면 한 해 농사는 망치는 것이지요. 그래서 농약을 뿌리기도 합니다만 이 또한 재배 작물에 해를 끼칠 수 있습니다.

이때 앞장에서 살펴봤던 유전자 편집 기술이 큰 힘을 발휘합니다. 인공적으로 유전자를 조작해 만든 유전자변형생물(GMO, Genetically Modified Organism) 혹은 유전자조작생물입니다. 그런데 이 GMO는 20세기 후반부터 큰 관심을 받는 동시에 논란의 주인공이었고 지금도 마찬가지입니다.

일단 GMO를 어떻게 만드는지 먼저 알아보도록 해요. 먼저 필요로 하는 유전 정보를 가진 생물체에서 해당 DNA를 꺼냅니다. 그다음 이 DNA를 박테리아에 집어넣습니다. 마지막으로 박테리아의 유전 정보가 담긴 DNA 조각인 플라스미드(plasmid, 박테리아의 주된 염색체와 별도로 존재하는 DNA 고리로 자율적으로 증식함)를 우리가 변형시키려는 생물체의 세포 안으로 집어넣습니다. 이런 방법을 아그로박테리움(agrobacterium) 법이라고 합니다. 유전자 편집에는 이외에도 미세 주입법이나 입자총법 등이 있습니다만, 주로 이용하는 것은 아그로박테리움법입니다.

현재는 옥수수, 콩, 면화 등 유전자변형식물이 상업화되어 있고 동물의 경우는 미국에서 연어만 상용화되어 있습니다. 대부분의 GMO 식물은 앞서 이야기한 제초제와 농약을 견디는 유전자를 가지고 있습니다. 그래서 강력한 제초제와 농약을 뿌려 주변의 잡초와 벌레들이 모두 죽어도 재배 작물은 굳건히 버틸 수 있지요. 2022년 영국에서는 우크라이나와 러시아와의 전쟁으로 식량난이 심각해지자 GMO 작물 재배를 허용하겠다고 발표하기도 했어요. 같은 밭에서 재배해도 더 많은 식량을 얻을 수 있기 때문이었죠.

GMO가 작물에만 쓰이는 건 아닙니다. 의약품 등 생물을 소재로 하는 다양한 산업 영역에서도 사용되고 있지요. 대표적인 예가 최초의 GMO 물질인 당뇨병 치료제 인슐린입니다. 인슐린은 원래 위장 아래쪽 이자에서 분비되는 호르몬인데 어떠한 이유로 인슐린의 분비량이 줄어들면 당뇨 현상이 나타납니다. 이런 경우 인슐린을 주사로 투입하면 증상이 완화되고 무리 없이 일상생활을 할 수 있습니다.

20세기 초나 중반까지는 이 인슐린을 돼지의 이자에서 채취했는데 비용이 워낙 비쌀 수밖에 없었지요. 그래서 가난한 사람의 경우 당뇨병에 걸려도 인슐린 주사를 맞기가 쉽지 않았어요. 더구나 인슐린은 한 번만 맞는 것이 아니라 정기적으로 투여해야 하기 때문에 더 심각했지요. 한 사람이 1년 동안 맞을 인슐린을 위해 돼지 70마리가 필요했는데 돼지 인슐린의 경우 알레르기 등의 부작용도 있었습니다.

여기에 길을 튼 것이 바로 GMO였습니다. 특정 부위의 DNA를 잘라 버리고 원하는 DNA를 집어넣는 GMO 식으로 만들어진 최초의 물질이 바로 휴뮬린(humulin, human+insulin)입니다. 1982년부터 판매된 의약품인 휴뮬린은 인슐린을 만드는 유전자를 대장균의 DNA에 삽입한 것입니다. 인슐린뿐만이 아닙니다. 다발성 경화증, 백혈병 등의 치료제에도 GMO가 사용됐습니다. 백신에도 GMO가 들어가지요. B형 간염, 파상풍, 디프테리아, 뇌막염 백신은 GMO를 통해 생산합니다. 또 화장품, 감미료, 바이오 플라스틱 등 다양한 분야에서 GMO를 이용해 생산 효율을 높이고 있어요.

산업용 미생물의 경우 생각보다 쓰임이 다양합니다. 미국의 지노메티카와 듀폰 사는 플라스틱과 섬유의 원료인 부탄디올(butanediol)을 GMO 대장균을 활용해 식물의 당에서 합성하고 있습니다. 바이오앰버 사는 숙신산을 GMO 대장균에서 만들어지는 촉매를 이용해 생산하고 있습니다. 이들은 석유를 통해 만들었으나 오염 물질 대신 다른 물질을 사용해서 생산하는 것이지요. 또 세제에 사용되는 효소들인 프로테아제, 아밀레이스, 셀룰레이스, 리파아제 등을 생산할 때도 GMO 미생물이 사용됩니다. 그 외 식품 첨가물로 사용되는 키모신, 리파아제, 아스파라기나아제 등이 있고, 미생물 효소도 다수 있습니다.

숙신산
향수에도 사용되며, 산소가 없는 상태에서 호박(琥珀) 등을 가열하거나, 효모 등 미생물로 분해시켜 얻는다.

한편 환경 단체들은 GMO의 상용화에 반대 의견을 내놓고 있습니다. 환경 단체들은 어째서 문제를 제기하는 걸까요?

안전할까? 괜찮을까?
누가 먹고 누가 소유할까?

먼저 '인간이 GMO 작물로 만든 식품을 먹었을 때 과연 안전할까?'라는 질문을 해 볼 수 있습니다. 물론 우리나라를 비롯해 많은 나라에서 식용으로 사용하는 제품에서의 GMO 사용에 엄격한 편입니다. 예를 들어, GMO 콩의 경우 식용유에는 사용할 수 있지만 단백질 성분이 들어가는 두부나 된장 등에서는 사용할 수 없습니다. 기름 성분은 GMO든 아니든 성분에 영향을 주지 않으니 사용할 수 있지만, 단백질은 GMO에 직접적인 영향을 받으니 사용하지 말라는 것이지요. 또 다양한 연구가 진행되고 있지만 GMO 작물이 사람에게 해로운 영향을 준다는 실험 결과는 아직 없습니다. 그리고 현재 GMO로 가장 많이 재배되는 작물은 콩과 옥수수인데 이들은 주로 가축 사료로 사용되고 있습니다. 그렇다면 GMO 작물을 가축용으로는 사용해도 괜찮은지 의문이 드는데요. 현재로서는 가축에게 특별히 해를 끼친다는 실험 결과는 없습니다.

하지만 GMO가 본격화된 지 얼마 되지 않았기 때문에 완전히 안심할 수만은 없습니다. 20세기에 만들어진 수많은 화학 제품 중 나중에 가서야 그 부작용이 드러난 예가 적지 않으니까요.

예를 들어, 살충제로 개발된 DDT는 처음에 엄청난 각광을 받았습니다. 그러나 DDT를 20년 이상 지속적으로 뿌리자 해충뿐만 아니라 생태계의 다양한 생물들까지 해를 입었고, 사람에게도 커다란 해를 끼치고 있다는 걸 알게 되었죠. 그래서 현재 DDT는 사용이 금지되었습니다.

냉장고나 에어컨의 냉매로 쓰이던 프레온 가스도 마찬가지입니다. 처음 개발될 때만 해도 인간과 생물에게 어떤 악영향도 끼치지 않는 안전한 물질이라고 여겼습니다. 그런데 프레온 가스가 쓰이고 몇십 년이 지나자 오존층이 얇아지고 급기야 북극과 남극에 오존층이 사라져 구멍이 생겨났습니다. 결국 프레온 가스도 뒤늦게 사용이 금지되었습니다.

GMO 역시 아직까지는 큰 문제를 일으키지 않았지만 몇십 년간 사용하다 보면 문제가 일어날 수도 있다는 이야기지요. 물론 GMO에 대해 크게 문제가 없다는 의견이 과학자들 사이에서는 다수입니다만 환경 단체나 소비자 입장에서는 못 미더워하는 부분이 있습니다.

미래 식량

—○ 위 GMO 재료가 들어간 과자 '치토스'

　　아래 GMO를 반대하는 시민들

생태계에 미치는 영향은 없을까요? 사실 이 부분은 이미 영향을 끼치고 있다는 걸 확인하고 있습니다. GMO 식물 씨앗으로 재배한 농지 주변에는 GMO 작물의 꽃가루가 퍼져 나갈 수밖에 없습니다. 곤충들이 꽃가루를 옮길 때 무작위로 옮기기 때문이지요. 그리고 그중 일부는 다른 식물의 밑씨 안에 있는 난세포와 결합해 새로운 종류의 식물을 만듭니다. 결국 GMO 종자의 새로운 성질이 주변으로 퍼져 나가는 것이지요. 현재는 그 현상이 많이 나타나지 않지만 지속적으로 GMO 작물을 재배하면 영향이 커질 수밖에 없겠지요. 그럴 경우 생태계에 어떠한 영향을 미칠지는 아직 미지수입니다.

환경이나 건강 외에도 사회적 문제가 있습니다. GMO 종자는 세계적인 거대 종자 기업에 의해 판매되고 있습니다. 그리고 이 GMO 종자를 재배해서 얻은 종자를 가지고 농민들이 다시 재배하는 것은 엄격하게 금지됩니다. 종자를 팔 때 미리 계약을 하는 것이지요. 결국 농민들은 매년 새로 종자를 사야 합니다. 다른 곳에서 살 수도 없고요. 해당 종자를 파는 곳은 전 세계적으로 한두 곳밖에 없는데 몬샌토, 듀폰, 신젠타 등 몇 개의 대기업에 종자가 종속되는 것이 문제입니다.

1998년 몬샌토는 50년 동안 유채를 재배하던 캐나다의 농민

이자 훗날 농민 권리 운동가가 된 퍼시 슈마이저(Percy Schmeiser)에게 수억 원의 손해 배상금을 지불하라고 고소했어요. 자사의 GMO 유채를 재배해서 특허를 침해했다고 말이죠. 그런데 슈마이저는 몬샌토 종자를 사서 재배한 적이 전혀 없었습니다. 원인은 바로 주변의 농부들이 재배한 몬샌토의 GMO 유채에서 꽃가루가 퍼져 슈마이저 농장으로 날라왔던 거죠.

GMO 작물의 문제는 '사람이나 다른 생물에게 해로운가?' '생태계에 나쁜 영향을 미치는가?'에 이어 'GMO 종자의 독점은 정당한가?'로 확장됩니다. 독점 문제는 생명과학으로 해결할 수 없는 부분이지요. 하지만 앞의 두 질문은 생명과학자들의 지속적인 연구를 통해 밝혀질 수 있을 것입니다.

가짜 고기에 육즙이 가득하다고?

여러분 대부분은 치킨과 삼겹살, 소고기 등을 좋아하지요? 물론 고기보다는 채소를, 육식보다는 채식을 선호하는 친구들도 있지만 전 세계적으로 육류 소비가 많은 것이 사실입니다. 축산업이 기후 위기에 상당한 책임이 있다는 건 앞서 이야기했는데요. 먹는 사람이 있어 가축을 기르는 것이니 육식을 하는 우리에게도 책임이 없다고 할 순 없지요.

가장 좋은 방법은 식단에서 육식을 줄이고 채식의 비중을 높이는 것입니다. 그러면 이산화탄소 배출량도 줄어들지만 우리 몸에 비만, 심장 질환, 당뇨, 뇌졸중, 암이 발생할 확률도 줄어 매년 수백만 명이 건강해질 수 있습니다. 연간 사망률을 낮출 뿐만 아니라 온실가스 배출량을 감소시킬 수 있지요.

그렇다고 건강과 환경을 위해 식단을 강요하는 것은 무리가 따릅니다. 무엇을 먹을 것인가는 개인의 선택에 따라야 하니까요. 영양 측면에서도 단백질은 우리 몸에 꼭 필요합니다.

이에 대한 대책 중 하나로 대체육과 배양육이 관심을 받고 있습니다. 대체육은 식물 성분으로 고기를 만드는 것이고, 배양육은 고기 세포를 인공적으로 배양해 고기를 만드는 것입니다.

대체육이 관심을 받기 시작한 건 얼마 되지 않았지만 그 역사는 꽤나 오래되었습니다. 컵라면을 먹을 때 작고 동그란 고기 맛이 나는 고명이 있지요. 이게 바로 대체육입니다. 주로 콩으로 만들어서 콩고기라고도 불립니다. 하지만 기존의 대체육은 실제 고기와 맛이 많이 달라 컵라면의 고명 정도를 빼면 크게 관심을 받지 못했어요. 그런데 최근 실제 고기와 구분이 어려울 정도로 잘 만들어진 대체육이 등장했습니다.

흔히 스테이크나 삼겹살을 먹을 때 '육즙이 터진다.'라는 표현을 쓰곤 하지요. 이때 육즙의 성분은 크게 세 가지입니다. 먼저 단백질이 분해되면서 만들어진 아미노산이 감칠맛을 내지요. 부드럽고 고소한 지방도 있고요. 나머지는 체액 성분으로 물과 다양한 무기염류 및 포도당 등이 있습니다. 이렇듯 고기의 맛을 내려면 무엇보다도 단백질과 지방이 필수입니다.

그래서 대체육의 주성분으로 콩이 많이 사용됐습니다. 콩은 '밭에서 나는 소고기'라는 수식어가 붙을 정도로 식물 중에서 단백질이 가장 풍부한 편이거든요. 물론 밀가루에도 글루

텐이라는 단백질 성분이 있어 일부 사용하고 버섯을 이용하기도 합니다. 그다음으로 코코넛오일이나 해바라기유 같은 식물성 지방이 첨가됐습니다. 빼놓지 말아야 할 중요한 것이 또 있습니다. 겉보기에도 고기 같아야 하니 붉은색 색소도 넣어야 합니다. 붉은색을 가진 식물이나 콩의 뿌리혹(세균이나 균사가 고등 식물의 뿌리에 침입해 뿌리의 조직이 이상 발육한 혹 모양의 조직)에 있는 레그헤모글로빈을 이용하기도 합니다.

미국의 임파서블 버거에 사용하는 레그헤모글로빈의 경우 콩의 뿌리혹이 아닌 유전공학 기술로 변형한 맥주 효모에서 추출합니다. 콩의 뿌리혹에서 추출하려면 비용이 너무 크기 때문이죠. GMO에 해당되기 때문에 미국 식품의약청(FDA)에서 사용해도 좋다는 인정은 받았지만 유기농 라벨을 붙이지는 못합니다.

현재 대체육은 소비자들의 반응이 좋아서 점점 시장을 넓히고 있습니다. 미국의 경우 시장 규모가 2018년 14억 달러에서 2023년 25억 달러, 우리 돈으로 약 3조 원으로 커질 것으로 예상할 정도입니다. 맥도날드도 식물성 패티로 만든 버거를 팔기 시작했고 네슬레도 대체육 패티로 만든 '인크레더블 버거'를 내놨습니다.

—○ 당근즙, 비트즙 등을 넣어 식감과 육즙을 살린 식물성 햄버거 패티와 콩 고기로 만든 너겟

하지만 아직 대체육은 연구가 더 진행되어야 할 부분이 많습니다. 미국 듀크 대학교 연구진에 따르면 소고기와 식물성 대체육의 구성 성분은 많이 다르다고 합니다. 우리 몸에는 에너지 전환이나 생체 조직의 구축과 분해 등에서 중요한 역할을 하는 대사 물질이 대단히 많습니다. 그런데 그런 물질 중 일부는 소고기에서만 발견되고 일부는 식물성 대체육에서만 발견된 것이지요. 공통으로 발견된 물질들이라고 해도 구성 비율이 많이 다르기도 합니다. 소고기에만 있고 식물성 대체육에는 없는 대사 물질은 총 22개였고 반대로 식물성 대체육에만 있는 성분도 31개라고 합니다.

또 대체육은 햄버거 패티처럼 갈아서 만든 고기에는 적당하지만 삼겹살이나 스테이크 같이 덩어리로 크게 썰어 조리하는 경우 기존의 고기와 비교하기가 힘든 문제도 있습니다. 아무래도 근육의 질감이나 조직까지 재현해 내기는 힘들기 때문이지요. 현재 캐나다와 싱가포르, 이스라엘에선 정부 자금으로 스테이크나 삼겹살 같은 통으로 자른 고기와 같은 형태의 대체육을 만드는 연구가 진행 중입니다.

여러분은 콩고기 등 대체육을 어떻게 생각하세요? 이미 맛을 본 친구들도 있을 텐데요. 대체육이 토지 이용이나 벌목을 줄이고 생물 다양성을 보호하며 축산 폐수로 인한 오염을 감소시키고 동물 복지에도 좋긴 하지만, 이산화탄소 발생량을 완전히 없애 주지는 못합니다. 연구에 따르면, 재생에너지를 이용한 전기로 생산하는 경우에도 소고기보다는 이산화탄소 발생량이 줄지만 닭고기와 비슷해지는 정도라고 합니다.

기후 위기와 환경 문제 그리고 동물들을 위해 대체육이 앞으로 더욱 발전될 것은 사실입니다만 생명과학적 연구 또한 더욱 많이 요구되고 있습니다.

목장과 농장이 아닌
실험실에서 태어난 고기

배양육은 대체육과는 달리 고기의 씹는 느낌이 확실하게 느껴지는 대체품으로 관심을 받고 있습니다. 기존 축산업보다 토지 사용량은 1퍼센트, 온실가스 배출량은 4퍼센트에 불과하기도 하지요. 게다가 고통을 받는 수십억 마리의 동물을 구할 수 있다는 장점도 있습니다. 무엇보다 배양육은 식품 안전성이 매우 뛰어납니다. 기존 공장식 축산업의 경우 가축들이 병에 걸리지 말라고 항생제를 사료에 섞어 먹이기도 하지만 배양육은 항생제나 합성 호르몬과 같은 성분이 없고 유통 구조를 단순화시켜 살모넬라나 대장균 같은 세균으로부터도 안전합니다. 또 사료 생산지를 식량 생산지로 전환하게 되면 기아 문제를 해결할 수도 있습니다.

배양육은 2013년 네덜란드의 마크 포스트 교수가 처음 선보였습니다. 햄버거 패티 하나 만드는 데 드는 비용이 32만 달러, 우리 돈으로 약 4억 원이었죠. 그 뒤로 다양한 연구를 거쳐 2020년 말 싱가포르에서 처음으로 배양육이 식품 허가를 받고 판매되기 시작합니다. 물론 가격은 기존 고기에 비해 확실히 비싼데요. 약 0.5kg을 만드는 데 수십만 원이 들지요.

배양육을 만드는 방법은 다음과 같습니다. 일단 배양하고자 하는 동물의 특정 부위 세포를 떼어 냅니다. 두 가지 세포를 이용하는데 하나의 배아 줄기세포와 하나의 근육 위성 세포입니다. 배아 줄기세포는 수정란이 태아로 커지는 과정에서 만들어지는 세포로 근육이나 혈액, 뼈, 피부 등 모든 종류의 세포로 분화할 가능성을 가진 세포죠. 이 배아 줄기세포를 화학 물질을 통해 근육 세포로 분화하게 만든 뒤 배양액에 넣어 몇 주 동안 배양하면 국수 가락 모양의 단백질 조직이 만들어집니다. 이를 틀에 넣어 모양을 만들면 햄버거에 들어가는 패티가 되지요.

근육 위성 세포는 근육이나 피부에 상처가 나면 재생 역할을 하는 세포입니다. 이 세포는 근육 조직으로만 발달하기 때문에 배양 과정에서 화학 물질을 주입하지 않아도 됩니다. 화학 물질에 대한 우려가 없지요. 이 세포 역시 배양액에 넣어 몇 주 동안 배양하면 국수 가락 모양의 단백질이 만들어집니다. 여기에 고기 맛을 위해 지방 세포 등을 섞으면 완성이지요.

하지만 앞서 이야기한 것처럼 배양육 가격이 높아질 수밖에 없는 이유가 있습니다. 바로 배양액에 사용되는 소의 태아에서 추출한 혈청 때문인데요. 혈액에서 적혈구나 백혈구 등의 혈구

혈청
피가 엉기어 굳을 때 혈병에서 분리되는 황색의 투명한 액체로 면역 항체나 각종 영양소, 노폐물을 함유한다.

를 제외한 나머지 부분으로, 풍부한 영양분과 단백질이 있어 세포를 안정적으로 성장시키기에 적당합니다. 소 태아 혈청은 리터당 백만 원 정도로 비싼 편인데 패티 한 개를 만들기 위해선 약 50리터가 필요합니다. 하지만 현재는 소 태아 혈청 대신 인공 배양액을 개발했고, 그래서 가격도 많이 내렸습니다.

이처럼 배양육을 연구하고 상품화하려는 이유는 기존 고기와 같은 식감과 맛을 재현하기 위해서인데요. 그런데 우리가 고기를 먹을 때 보면 한우나 와규처럼 같은 소고기라도 맛이 더 좋은 고기들이 있습니다. 돼지도 제주 흑돼지를 특별히 쳐 주고, 닭은 토종닭, 오골계를 별미로 쳐 주는 이유기도 하지요. 이렇게 식감과 맛에 대해 신경을 쓰는 방향으로 현재 배양육을 개발하고 있는 기업은 미국, 이스라엘, 네덜란드 등 전 세계적으로 30여 곳에 이릅니다.

똑똑한 식물 공장
스마트팜으로 초대합니다

식량 생산지가 늘어나는 건 반가운 일이지만 농경지를 늘리는 것 또한 문제가 많습니다. 이때 주목받는 것이 식물 공장입니다. 목축의 대안으로 대체육이나 배양육이 떠오르는 것처럼, 땅에서 짓는 농사의 대안으로 각광받고 있지요.

식물 공장은 말 그대로 건물 안에서 식물을 재배하는 곳입니다. 온도, 습도, 이산화탄소 농도 등을 식물의 생장 조건에 맞춰 조절할 수 있다는 장점이 있습니다. 밀폐된 곳이니 해충이 없어 농약을 쓸 필요도 없고요. 작은 빌딩처럼 1, 2, 3단 등 여러 층으로 키우면 좁은 면적에서도 대량의 작물을 생산할 수 있습니다. 외부 환경으로부터 차단되어 있으니 날씨의 영향을 받지 않고 1년 내내 재배도 가능합니다.

식물 공장은 1980년 일본에서 연구가 시작되어 현재까지도 일본이 가장 앞서 있습니다. 국내에서도 공공장소의 빈 공간에 식물 공장을 만드는 등 활성화 중인 분야고요. 특히 우리나라는 식물 공장에 정보 통신을 접목해 스마트팜(smart farm)으로 발전시키는 방향을 중점적으로 고민하고 있습니다.

하지만 앞선 대체 방안과 마찬가지로 식물 공장에도 문제가 없는 것은 아닙니다. 가장 중요한 것은 에너지가 너무 많이 든다는 점이지요. 실내에서 재배하다 보니 태양 대신 전등으로 광합성을 시켜야 하기 때문입니다. 에너지는 곧 비용이니 식물 공장에서 재배한 작물이 자연의 밭이나 논에서 자란 작물보다 비싸게 됩니다.

하지만 비용 문제는 의외로 해결할 방법이 있습니다. 도시에서 우리가 농산물을 구입할 때 소비자 가격의 절반 이상이 운송 비용입니다. 재배 비용보다 운반비가 두 배 이상인 경우도 많지요. 그런데 식물 공장은 말 그대로 공장인 데다 오염 물질도 없으니 도시나 도시 가까이 세울 수 있습니다. 그러면 비용이 줄어드니 가격 경쟁력을 갖출 수 있지요.

환경 문제도 해결할 방법이 있을까요? 식량 위기는 기후 위기와도 관련이 있어요. 그런데 식물 공장은 식물을 키우기 위해 전기 에너지를 사용합니다. 지금처럼 석탄 등 화석 연료를 이용해 전기를 만드는 상황에서는 식물 공장에서 식물의 광합성을 통해 흡수하는 이산화탄소보다, 그 전기를 생산하는 과정에서 발생하는 이산화탄소가 더 많습니다. 이래선 오히려 기후 위기를 악화시키는 주범이 되겠지요. 물론 전기를 만드는 방식이 재생에너지 위주가 된다면 이 문제는 해결될 수 있습니다. 우리나라의 경우 앞으로 10~20년 정도 뒤에 재생에너지 위주의 발전 시스템이 구축될 계획이니 그때는 이 문제가 해결될 것으로 보입니다.

─○ 서울시 지하철역과 백화점 푸드 마켓에 설치된 스마트팜은 ICT 기술로 빛, 온도, 습도, 이산화탄소, 양분을 인공적으로 제어해 어디에서나 식물을 재배할 수 있다.

또 하나는 기업형으로 식물 공장이 운영되면 기존 농업에 의존하던 분들이 재배한 작물을 판매하기 힘들어질 수 있다는 점입니다. 그렇지 않아도 농업 인구는 계속 고령화되며 감소하고 있는데 첨단 식물 공장과의 경쟁에서 뒤처지게 되면 농업 분야가 더 힘들어질 수 있지요. 이 부분은 생명과학으로 풀 수 없으니 사회적인 대안을 모색해야 합니다.

미래 식량 문제는 인구가 늘어나면서 식량 자체가 부족해지는 문제, 개발 도상국에서 육류 소비량이 늘어나는 문제, 공장식 축산으로 희생되는 동물권과 기후 위기 문제까지 얽혀 있지요. 이 모든 걸 생명과학으로 해결할 수는 없을 거예요. 사회적 합의가 필요한 부분도 있고, 경제 정책으로 풀어야 할 부분도 있지요.

한편으로는 이런 문제의식이 역으로 생물공학의 발전을 촉진시키기도 합니다. 개인의 기호나 윤리적 판단으로 육식 대신 채식을 실천하는 사람들이 늘어나고, 수요에 맞게 대체육 시장이 커진 것처럼 기술 개발에 중요한 역할을 하게 됐으니까요.

놓치지 마요

미래 식량 핫&이슈

식품 기업들의 '비건 레스토랑' 개점

건강과 환경을 생각하는 비건 인구가 늘어나면서 대기업들도 소비자의 요구에 따라 비건 레스토랑을 연달아 열고 있다. 풀무원은 식품 대기업 가운데 첫 비건 인증을 받은 '플랜튜드'를, 농심은 대체육 개발 기술을 바탕으로 '포리스트 키친'을 열었다. 식물성 단백질과 대체육을 재료로 한 이들 매장은 수도권을 중심으로 새로운 식문화를 만들어 갈 예정이다.

3D 프린터로 만드는 배양육

국내 바이오 기업이 3D 바이오 프린팅 기술을 생명과학과 접목해 배양육을 개발한다. 기존 배양육이 작은 세포들을 다짐육처럼 뭉쳐 낸 것과 달리, 동물 근육 줄기세포를 추출한 뒤 배양육 모양을 만드는 지지체에 3D 프린트로 세포를 부착하는 방식이다. 근육의 결과 형태를 만들어 기존 고기와 식감이나 맛이 비슷한 것이 특징이다.

햄버거 매장 내에 스마트팜 운영

글로벌 햄버거 프랜차이즈 '굿스터프이터리'가 서울 매장에 스마트팜을 설치했다. '농장은 바로 옆에 있어야 한다.'라는 슬로건에 따라 양상추, 루꼴라, 토마토 등 재료의 80퍼센트를 직접 공급한다고 한다.

새로운 식물 공장 스마트팜을 적극적으로 육성해야 할까?

○ 찬성 ○

1. 소비지 부근에 생산지를 만들면 유통 비용이 감소한다

농산물 비용의 절반 이상을 운송비가 차지하고 있다. 스마트팜을 소비지 부근에 조성하면 유통비가 줄어들 수 있다.

2. 농민이 점점 줄어드는 상황에 식량 안보를 위해 적극적으로 육성해야 한다

우리나라 농민 대부분은 60대 이상의 고령자에 해당된다. 농업 분야에 종사하려는 청년들도 적은 현실이다. 식량 안보를 위해선 스마트팜을 적극적으로 권장해야 한다.

3. 재생에너지를 이용하면 기존 농사보다 더 친환경적이다

스마트팜에서 발생하는 이산화탄소 대부분은 화력 발전을 이용한 전기 때문이다. 재생에너지를 이용해서 스마트팜을 운영하면 기존 농사보다 오히려 이산화탄소 발생량이 줄어든다.

그래, 스마트팜 덕분에 도시 농업이 활성화될 거야!

아니야, 반환경적이고
농민들에 대한 역차별이야!

✖ 반대 ✖

1. 스마트팜은 이산화탄소를 배출하고 주변 환경을 고려하지 않는 산업이다

스마트팜은 전기를 이용한다. 전기는 아직 화력 발전에 많이 의존한다. 모든 전기가 재생에너지로부터 만들어지기 전까지는 반환경적이다.

2. 스마트팜 보조금을 지급하면 기존 농사를 짓던 사람에게 불리하다

스마트팜 보조금을 받게 되면 기존에 농사를 짓던 사람들보다 싼 가격에 농산물을 팔게 되고 농산물 시장에서 기존 농민들이 불리한 상황에 놓여 포기하는 경우가 생길 수 있다.

3. 스마트팜은 대도시 위주로 들어서게 되어 지방 소멸을 촉진시킨다

스마트팜은 유통비를 줄이기 위해 수도권과 대도시 주변에 집중될 것이다. 그렇지 않아도 지방 인구가 점점 줄어들고 있는데 이렇게 되면 지방의 소멸을 촉진하는 결과를 낳게 된다.

4.

바이오칩

나노 기술과 생명과학의 만남
바이오칩의 세계

더 작고 더 빨라진
손바닥 위의 실험실

여러분도 잘 알다시피 우리나라 사망 원인 1위는 암입니다. 얼마 전까지만 하더라도 암에 걸렸다고 하면 불치병이라 여겨지기도 했어요. 그러나 오늘날 암은 더 이상 불치병이 아닙니다. 의학이 발달해서 초기에 발견하면 치료가 그리 어렵지 않게 되었거든요. 물론 아직도 치료하기 어려운 암이 있는 건 사실입니다. 그래도 초기 진단의 중요성이 알려져 정기적으로 검사를 하는 사람들이 많아졌지요.

예전에는 내시경이나 자기 공명 영상 장치 혹은 컴퓨터 단층 촬영 장치인 CT 등 영상 장치를 통해 먼저 암을 대략 파악했어요. 그리고 암으로 의심되는 증상이 나타나면 해당 세포 조직을 떼어서 다시 검사하는 과정을 거쳤습니다. 검사 비용이 비싸며 시간도 오래 걸리고 환자도 힘들었지요. 더구나 초기의 작은 암세포는 확인할 수 없는 경우도 많았습니다.

하지만 현재는 바이오마커를 통해 암을 초기에 진단하는 것이 훨씬 손쉽고 비용도 낮아졌어요. 예를 들어, 전립선암의 경우 암세포에서 떨어져 나온 전립선 특이 항원이 혈액 속에 섞여 있는데 피 검사를 통해 확인할 수 있지요.

최근에는 치매의 약 70퍼센트를 차지하는 알츠하이머병 증상도 이런 방법으로 미리 확인할 수 있습니다. 알츠하이머는 '아밀로이드 베타'라는 단백질이 뇌에 과도하게 쌓이는 것이 특징인데, 아밀로이드 베타를 혈액에서 확인하는 방법을 우리나라에서 개발하기도 했지요.

또 임산부의 혈액을 검사해 태아의 염색체 이상을 확인하기도 합니다. 임산부의 혈액 안에 있는 태아의 DNA를 검사하는 것이지요. 혈액이나 소변, 침에 있는 성분이 바로 바이오마

바이오칩

의료 장비 진단

방사선 진단

MRI

X-Ray

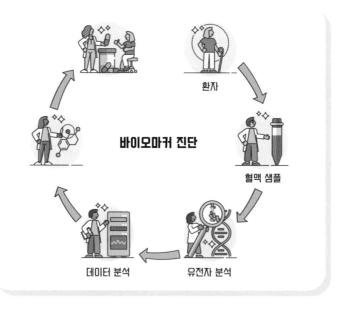

바이오마커 진단

환자

혈액 샘플

유전자 분석

데이터 분석

각종 대형 장비를 동원한 진단 과정과 바이오마커를 이용한 진단 과정 비교

커가 되는데, 이를 분석해 초기에 저렴한 가격으로 여러 건강 문제를 파악하는 기술이 연구되고 또 상용화되고 있습니다.

질병을 빠르고 정확하게, 저렴하게 예측하기 위해서는 두 가지 문제를 극복해야 합니다. 하나는 질병의 표지가 되는 바이오마커를 더 많이 발굴하는 것이고, 다른 하나는 바이오마커를 분리하고 측정하는 기술을 발전시키는 것이죠. 다행히 현재 눈부신 발전과 지속적인 연구가 이루어지고 있습니다.

달라진 점이 있다면 예전에는 커다란 실험실에서 여러 명이 나눠서 며칠씩 걸려 실행되던 측정이 지금은 작은 바이오칩 하나로 모두 해결된다는 것입니다. 칩(chip)은 원래 목재를 가늘고 길게 자른 것을 뜻하는데, 감자칩처럼 얇게 썰어 기름에 튀긴 음식에도 쓰이게 됩니다. 여기서 유래되어 반도체 칩처럼 작고 얇은 기판 위에 여러 부품을 설치한 것도 칩이라고 부르게 됐습니다. 모습이 쉽게 연상되지 않나요?

그중에서도 바이오칩은 유리나 플라스틱 등의 기판 위에 생물에서 유래한 여러 성분을 전자 부품과 함께 담아 만든 칩을 의미합니다. DNA칩, 단백질칩, 바이오센서, 랩온어칩(lab-on-a-chip) 등 종류도 쓰임도 여러 가지입니다. 바이오칩은 유전공학과 전자공학 기술이 핵심입니다. 20세기 말에서 21세기 초, 두 분야가 발달하면서 비로소 등장했지요. 다양한 생명과학 분야 중에서도 가장 늦게 나타난 이유이기도 합니다.

감자칩이 아니라
DNA칩이라고?

여러분은 헌팅턴(Huntington) 무도병을 알고 있나요? 발견한 미국의 지리학자 이름을 딴 이 병은 헌팅턴 유전자라는 특정 유전자를 가진 사람에게 발생하며 1만 명당 1명꼴로 나타납니다. 뇌가 손상되면서 나타나는 증세로 처음에는 얼굴에 경련이 일다가 나중에는 온몸으로 경련이 퍼집니다. 약 15년 정도 증세가 지속적으로 악화되다가 결국 사망에 이르는 아주 무서운 유전병이지요.

그런데 대부분 서른 살이 넘어야 증상이 나타나고 마땅한 치료법도 없습니다. 그러니 유전자 검사를 통해 미리 확인하고 대비하는 것이 최선이지요. 그 외에도 고셰(Gaucher)병, 혈우병, 신경 섬유종, 망막 모세포종, 척수성 근육위축증, 테이-삭스병, 낭포성 섬유종 등이 해당됩니다.

하지만 예전에는 대부분의 사람이 이런 유전병이 있다는 사실을 잘 몰랐고, 알아도 유전자 관련 기술이 발달하지 않아

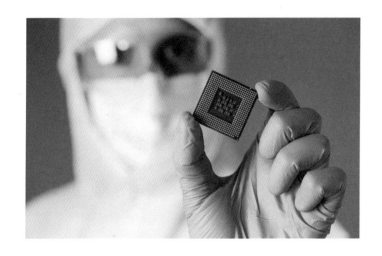

검사를 받는 경우가 거의 없었습니다. 그러다가 20세기 후반에 유전공학 기술이 발달하면서 몇몇이 검사를 시작했어요. 하지만 이때도 유전병 하나를 검사하는 데 며칠이 걸렸지요. 여러 유전병을 한꺼번에 검사하려면 한 달이고 두 달이고 기다려야 했습니다. 이 문제를 해결한 것이 바로 DNA칩입니다. 원래 유전병 등의 검사에 쓰였지만 현재는 코로나19 바이러스 같은 다양한 병원체를 검사하는 DNA칩도 개발되고 있어요.

DNA칩은 바이오칩 중 가장 먼저 개발됐습니다. 1980년대 말부터 고안되어, 1990년대 후반 미국에서 처음 만들어졌어요. 처음에는 칩 하나로 한 종류의 유전자만 검사할 수 있었지만, 현재는 여러 종류의 유전자를 한꺼번에 검사할 수 있게 됐지요. 이 칩에 혈액이나 코점막에서 채취한 검사용 시료를 투입하는 간단한 방식인데요. 투입된 시료에 해당 염기가 있으면 두 DNA 사슬이 결합하고 반짝반짝 형광이 나타나지요. 그런데 DNA 사슬 자체가 눈에 보이지 않을 정도로 아주 작기 때문에 수백 개의 서로 다른 DNA 염기서열을 반도체 칩 하나의 크기에 모아 놓을 수 있습니다. 즉, 한 번에 여러 종류의 유전자를 확인할 수 있지요.

DNA칩이 개발되기 전, 유전자 하나를 검사하는 데 이틀 정도 걸렸다면 이젠 불과 1분도 되지 않습니다. 아주 작은 크기에 제작 비용도 저렴해서 대량으로 만들고 필요한 곳에서 직접 사용할 수 있지요. 한 번에 여러 가지 염기서열을 확인하는 것도 가능합니다. DNA칩 개발에 필요한 기술은 여러 분야에 걸쳐 있는데요. 먼저 칩 자체를 제조하는 기술이 필요하고, 소프트웨어를 통한 데이터 분석 기술과 유전자 발견 알고리즘도 개발해야 하지요. 즉, 전자공학과 소프트웨어공학이 동시에 필요합니다. 그리고 표지가 녹색 혹은 적색으로 나타나게 하는 형광 물질 표식 기술과 사용되는 아주 작은 양의

DNA가 분해되지 않도록 안정화시키는 극미 인산염 고정화 기술이 필요합니다. 반대로 칩 위에 미리 고정해 놓은 DNA와 검체의 DNA를 결합하는 데 필요한 극미 인산염 합성화 기술도 필요합니다. 이런 기술은 화학공학과 생명과학의 영역입니다. 그 외에도 다양한 기술이 들어가며, 현재 DNA칩을 보다 작게 만들고 필요한 혈액이나 타액, 점막의 양도 극소로 줄이는 부분이 나노공학에서 연구되고 있습니다.

DNA칩은 우리 일상에서 유전병과 병원체 검출 등 익숙한 분야 외의 영역에서도 사용하고 있어요. 유전자 검사가 쉬워지니 개인별 유전자 특징, 민족 간 유전자 차이 등을 이전보다 쉽게 연구하게 되었죠.

인간 외 우리가 기르는 가축 등 다른 생물들의 유전자 연구에도 크게 기여하고 있는데요. 오래전 옛 선조들의 유적을 발굴해 고대 인류 유전자 구조를 파악할 때도, 범죄 희생자나 용의자의 유전 정보를 파악해 신원을 밝히고 증거를 확보하는 데도 쓰입니다.

다른 공학 분야에서도 DNA칩을 연구하고 있어요. 전자공학에서는 나노 수준의 DNA칩을 기존 반도체 대신 저장 매체로 이용하려는 연구가 이어지고 있지요. 식품 분야에서는 유

뉴클레오타이드
디옥시리보오스나 리보오스와 염기 그리고 인산 하나가 결합한 핵산의 최소 단위로 DNA나 RNA의 기본이 된다.

전자 조작 식품을 확인하는 작업에 사용하고, 생태학에서는 지하수나 토양의 미생물 오염 확인에 이용합니다. 식품이나 의약품 공장에서는 뉴클레오타이드나 유전자의 순도를 확인할 수 있으며, 미생물학에서는 미생물 정보를 밝히고 분류하는 데도 이용됩니다. 또 발효 식품을 제조할 때 정상 세포와 재조합 세포에서 일어나는 유전적 변화를 확인할 수도 있고 암 연구에서는 질병 유발 유전자를 찾아내고 개인별로 각종 암에 걸릴 확률을 예측하기도 합니다.

예민해도 너무 예민한
단백질칩을 만들려면

DNA칩 다음으로 주목을 받는 것은 단백질칩입니다. 기본 원리는 DNA칩과 비슷합니다. DNA 사슬 대신 단백질을 사용한다는 차이뿐이지요. 하지만 실제로 만들려면 DNA칩과는 비교도 되지 않게 어려움이 따릅니다. 현재는 아주 일부 제품만 개발되어 사용될 뿐이지요. 그럼에도 생명과학자와 바이오 벤처 기업들이 개발에 열을 올리는 이유는 무엇일까요?

단백질칩의 가능성은 무궁무진합니다. DNA칩은 앞서 살펴 본 것처럼 유전자를 검사하지요. 그러나 아직 우리는 유전자가 하는 모든 일을 속속들이 알 수 없습니다. 일부만 파악하고 있 지요. 우리 몸의 상태를 유전자 검사만으로는 알 수 없는 이유 이기도 합니다. 마치 건물을 짓기 전에는 설계도가 어떻게 이 루어졌는지를 보는 것이 중요하지만, 실제 지어진 건물을 알아 보려면 구석구석을 살피면서 콘크리트는 제대로 사용됐는지, 창문이나 문은 제대로 부착했는지, 배관은 설계도대로 자리 잡 고 있는지를 살피는 게 더 중요한 것처럼 말이지요.

이처럼 실제 우리 몸에서 일어나는 다양한 일을 파악하는 데 가장 적합한 물질은 단백질입니다. 생명 활동에서 가장 중

요한 역할을 맡고 있지요. 콜라겐이나 케라틴 등 몸을 구성하는 물질도 단백질이고 펩신이나 아밀레이스 등 각종 효소도 단백질로 구성되어 있습니다. 각종 호르몬도 단백질로 이루어진 경우가 많고, 세포와 세포를 이어 주는 물질도 단백질이지요. 세포막에 존재하는 막단백질은 세포 안팎의 정보를 연결해 주고 물질 교환에도 큰 역할을 합니다. 병원체로부터 몸을 보호하는 항체 역시 단백질입니다. 이처럼 우리 몸의 다양한 물질대사는 모두 단백질을 매개로 이루어지고 있지요.

그러다 보니 특정 단백질이 부족하거나 많아지면 몸에 이상이 생기기도 합니다. 예를 들어, 인슐린이란 단백질계 호르몬이 부족하면 당뇨병 증상이 나타납니다. 티록신이 부족하면 갑상선 비대증이 생겨 목젖 부근이 붓기도 하고요.

단백질은 종류도 다양해 인간의 유전자가 만들 수 있는 종류는 10만 개가 훌쩍 넘습니다. 따라서 어떤 사람의 체내에 있는 단백질의 종류와 농도를 파악한다면 건강과 관련된 다양한 정보를 얻을 수 있겠지요.

그런데 단백질칩을 개발하는 것이 왜 그렇게 어려울까요? 가장 먼저 단백질이 온도나 산성도에 아주 민감한 물질이기 때문입니다. 달걀을 예로 들면 이해가 쉽습니다. 달걀 흰자는 대표적인 단백질인데 보통 끈적이는 액체 상태지요. 하지만 온도가 높아지면 하얀 고체가 됩니다. 이러면 아무리 애를 써도 다시 액체 상태로 돌아가지 못하지요. 실수로 냉동실에 넣어 얼려 버리면 어떻게 될까요? 녹여도 원래의 끈적이는 액체로 돌아오질 않습니다. 또 흰자에 산성을 띠는 식초를 넣고 굳히면 그냥 굳힐 때에 비해 상대적으로 부드러운 고체가 됩니다. 온도와 산성도에 따라 단백질의 구조가 자꾸 바뀌기 때문이지요. 만약 칩의 단백질 구조가 이렇게 자꾸 바뀌면 어떨까요? 제대로 된 반응을 하기 힘들겠지요.

그래서 단백질칩의 가능성은 20세기 말부터 예견되었지만 본격적인 개발은 21세기에 들어서야 시작됐습니다. 2000년 하버드 대학교 연구팀에서 1만 개 이상의 단백질을 한 유리판에 고정시켜 상호 작용을 분석한 것이 시작이지요. 그 후 예일 대학교에서 5,000개 이상의 효소 단백질 기능을 대량으로 분석하면서 단백질칩의 실용화 가능성이 높아졌습니다. 그야말로 21세기 기술이 된 것이지요.

단백질칩은 DNA칩보다 활용할 수 있는 영역이 넓습니다. 먼저 진단 분야를 볼까요? 면역 반응을 일으키는 항원과 항체는 모두 단백질입니다. 따라서 혈액 샘플에서 항원 및 항체를 검출하는 데 이용할 수 있지요. 앞서 이야기한 것처럼 특정 질병의 진행 상태나 면역 정도를 알 수 있어요. 또 흙이나 강물의 오염 정도도 파악할 수 있습니다. 생물학적 오염이 생기면 단백질로 된 바이오마커로 알아낼 수 있거든요.

또 단백질은 생물체 내에서 홀로 존재하는 것이 아니라 주변의 여러 물질과 끊임없이 상호 작용을 합니다. 단백질이 다른 단백질이나 인지질 그리고 기타 다양한 화학 물질과 어떤 반응을 일으키는지 살펴보고 어떤 관계를 형성하는지 파악하는 데도 단백질칩은 중요한 도구가 될 것입니다.

마지막으로 치료제 개발에서도 중요한 역할을 할 수 있습니다. 특히 항체 단백질과 밀접한 관련이 있는 질병의 진단과 치료에서 이와 관련된 대표적인 질환인 자가 면역, 암, 알레르기 등에 대한 항원의 특이성에 대응하는 치료법이나 약을 개발하는 데 도움을 줄 수 있어요.

작게 더 작게
랩온어칩

한 여성이 작고 얇은 막대를 유심히 보다가 기쁨의 눈물을 흘립니다. 그리고 말하지요. "나 임신했어!" 이때 임신 사실을 알아차리는 순간, 여성이 봤던 막대는 임신 테스트 키트라고 합니다. 20세기 초에는 여성의 소변을 임신하지 않은 암컷 쥐나 토끼에게 주사해서 난소가 부풀어 오르는지를 통해 임신 여부를 확인했습니다. 상당히 번거롭고 비용도 많이 들어 잘 이용되지 않았지요. 그러다 1970년 지금의 가정용 테스트기와 비슷한 형태의 기기가 발견되었어요.

임신 테스트기의 원리는 간단합니다. 확인 창의 T(test, 실험군)와 C(control, 대조군)에 두 줄이 뜨면 임신입니다. C에만 뜨고 T에 뜨지 않으면 비임신이지요. T에만 뜨거나 둘 다 뜨지 않으면 확실하지 않으니 병원에서 다시 확인하라는 뜻입니다. 어떤 원리일까요? 여성이 임신하면 '인간 융모성 생식선 자극 호르몬'이라는 호르몬이 분비됩니다. 테스트기의 한쪽 끝에 오줌을 묻히면 오줌이 테스트기 내부의 종이를 타고 전개됩니다. T 쪽은 호르몬과 결합하는 수용체가 있지요. 그래서 여기에 선이 그어지면 이 호르몬이 분비되고 있다는 뜻입니다. 이 호르몬에 대항하는 항체와 결합하는 수용체는 C 쪽에 있고요. 이쪽에 선이 그어지면 항체가 있다는 뜻이지요.

그런데 당시의 임신 테스트기는 호르몬의 농도가 어느 정도 높아야만 반응했습니다. 인간 융모성 생식선 자극 호르몬

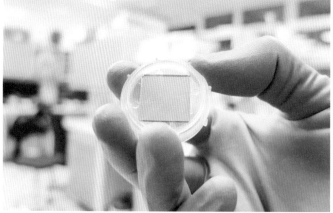

─○ 위 임신, 코로나19, 말라리아 진단에 사용되는 멤브레인(종이 필터)을 사
　　용한 바이오칩

　　아래 금 필름 위에 단백질, 핵산, 바이러스 등 다양한 생체 분자를 결
　　합시켜 이를 분석하는 SPR(표면 플라스몬 공명, surface plasmon
　　resonance) 바이오칩

은 임신이 된 직후에는 그 농도가 높지 않아 임신 이후 어느 정도 시간이 지나야 했지요. 그래서 임신이 되었는데도 두 줄이 그어지지 않은 경우가 꽤 많았습니다. 하지만 새로운 제품이 계속 등장하면서 이전보다 훨씬 낮은 농도로도 확인이 가능해졌습니다. 이렇게 혈액이나 오줌 등의 체액이 종이를 타고 이동하는 과정에서 특정 물질을 확인하는 것을 종이 칩이라고 합니다.

하지만 종이 칩의 경우 시료 하나가 통과하고 나면 더 이상 사용할 수 없다는 문제가 있습니다. 임신 테스트기를 한 번 사용하면 버려야 하는 것처럼 말이지요. 그리고 시료의 흡수 속도를 제어할 수 없고, 시료의 농도도 체크할 수 없지요. 이렇게 복잡한 기능을 가지려면 연구소 정도의 시설을 갖추어야 했어요.

누군가 119에 청계천에 독극물이 있다고 전화로 신고하는 상황을 살펴봅시다. 현장에서 정말 독성 물질이 퍼졌는지, 어떤 성분인지 바로 확인해야 하는데 기존에는 청계천 물을 퍼서 연구소로 가져가야만 했어요. 연구소에서 이 물로 실험을 해서 결과가 나올 때쯤이면 이미 사건은 커질 대로 커진 상황이겠지요. 이런 경우 현장에서 직접 빠르게 병원균이나 독성 물질의 유무 그리고 농도까지 확인할 수 있어야 합니다. 물론 관련 장비들이 없는 것은 아닙니다. 어떤 경우에는 차량에 설치하기도 하고 가방만 한 크기로 휴대하기도 하지요. 둘 다 불편하고 장비가 비싸서 누구나 쉽게 갖출 수는 없었어요.

공학자들은 좀 더 효율적인 장비를 갖추고 싶었어요. 마치 DNA칩이나 단백질칩처럼 간단한 칩으로 문제를 해결하면 좋겠다는 생각을 한 것이죠. 그래서 만든 것이 랩온어칩입니다.

랩온어칩은 생물학이나 화학 실험실에서 하던 연구를 손톱만 한 크기의 칩을 통해 할 수 있도록 만든, 그야말로 칩 위에 실험실의 구성 요소를 모두 구축한 장치입니다. 아주 작은 양의 시료나 샘플만으로도 신속하게 실험을 진행할 수 있지요.

1979년 스탠퍼드 대학교에서 처음 시작된 랩온어칩은 당시에는 제대로 구현되지 못했어요. 21세기에 들어서 본격적으로 실용화되었는데 핵심 기술인 미세 전자 기계 시스템(MEMS, Micro Electro Mechanical Systems)이 1990년대부터 본격화되었기 때문입니다. 보통 이런 곳에 쓰는 시료는 액체 형태입니다. 혈액, 오줌, 땀, 강물이나 흙 속 물방울 등이지요. 그런데 랩온어칩에 쓰이는 시료는 '미세 유체'라 부르는 양이 아주 작은 액체입니다. 랩온어칩의 미세 전자 기계 시스템은 이런 작은 액체 방울을 다루도록 만들어진 특별한 시스템이죠.

모든 것을 탐지하고 분석한다!
열일 탐정 바이오센서

당뇨병 환자의 경우 하루에도 몇 번씩 혈액의 포도당 농도를 체크해야 합니다. 식사를 하기 전에도 해야 하고 식후 2시간 그리고 잠자기 전에도 꾸준히 해야 하지요. 뿐만 아니라 운동할 때나 장거리 운전을 할 때, 저혈당 증세가 느껴질 때도 확인을 해야 하니 보통 어려운 일이 아니겠지요? 그렇다고 혈당을 체크하기 위해 하루에 몇 번씩 병원에 오갈 수도 없는 노릇이지요. 그래서 스스로 혈당을 체크할 방법이 없을 때는 대단히 힘들었어요.

그래도 지금은 혈당 측정기가 있어 환자 스스로 검사할 수 있으니 다행입니다. 손가락 안쪽에서 피를 한 방울 뽑아 혈당 측정기에 갖다 대면 자동으로 혈당 수치가 화면에 나타나지요. 대략 몇만 원 정도의 가격이면 구입할 수 있어 경제적으로도 큰 부담이 없습니다. 이렇게 혈당을 측정하게 되면 식단 관리나 운동에도 도움이 되고 인슐린 투여량도 조절할 수 있어 건강하게 삶을 살아갈 수 있습니다.

이 혈당 측정기를 일종의 바이오센서로 볼 수 있는데요. 전체 바이오센서 중 가장 많은 양을 차지하지요. 센서란 특정 종류의 정보를 얻는 장치를 말합니다. 현관에 들어서면 자동으로 불이 켜지는 전등은 자외선 센서로 사람이 드나드는 걸 파악합니다. 휴대전화의 자이로스코프나 GPS는 우리의 움직임을 감지하지요. 이 외에도 광학 센서는 빛을 감지하고, 압력 센서는 압력을 감지합니다. 바이오센서도 마찬가지로 하나의 센서인데 그중에서도 생물학적 반응을 통해 정보를 얻는 경우라고 할 수 있어요. 앞서 살펴봤던 단백질칩과 랩온어칩도 바이오센서로 기능하는 경우가 있습니다. 특정 단백질이나 화

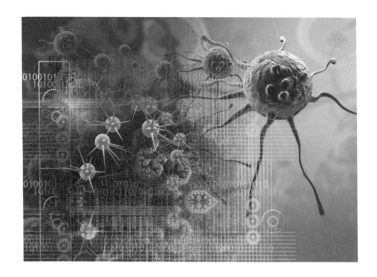

학 물질을 감지하는 역할을 하는 거죠.

바이오센서는 아주 적은 양으로도 그 농도를 측정할 수 있다는 강점이 있습니다. 바이오센서는 어떻게 농도를 측정할까요? 몇 가지 방식이 있는데 그중 대표적인 것은 온도 변화입니다. 시료와 바이오센서의 수용체가 화학 반응을 하면 열이 발생하는 경우가 있는데요. 이때 온도가 얼마나 변하는지를 측정하면 반응 횟수를 알 수 있고, 반응 횟수를 통해 농도를 파악할 수 있지요. 바로 열량계식 센서입니다.

무게 변화를 측정하는 경우도 있습니다. 미생물이나 독가스, 살충제, 마약 같은 물질이 바이오센서에 흡착되면 아주 조금이긴 해도 질량이 변합니다. 이를 측정해 흡착된 물질의 농도를 파악하는데, 중력계 센서라고 합니다.

이 외에도 산소 농도를 측정할 때 센서 내 액체에 녹아 있는 산소량에 따라 빛의 투과되는 정도로 농도를 확인합니다. 일종의 광학 센서라 할 수 있지요. 그리고 화학 반응에서 전기가 발생하는 경우 그 전류의 세기를 측정하기도 합니다.

현재 바이오센서는 혈당을 측정하거나 임신을 확인하는 등의 진단 분야에서 주로 사용하지만 다른 분야에서도 쓰임이 많아지고 있습니다. 식품 용기 등의 환경 호르몬을 측정하거나 폐수의 생물학적 산소 요구량, 흙이나 생활 하수의 중금속 농도 등을 확인하고 곡물과 과일 등의 잔류 농약 농도를 파악하는 일도 바이오센서가 맡고 있습니다. 군대에서는 탄저균과 같은 대량 살상용 생물학 무기를 감지하는 용도로도 사용되고, 공장에서는 식품의 생물 발효 과정에서의 미생물 생장 조건을 제어하는 데 이용됩니다. 화학 공장이나 제약 회사에서도 제품 생산 과정에서 나오는 물질들을 분석하기 위해 사용하지요. 21세기에 들어 개인별 맞춤 진료와 헬스 케어 분야가 빠르게 성장하면서 바이오센서 역시 중요성이 커질 것입니다.

바이오센서 분야는 이제 시작입니다. 아주 낮은 농도에서도 작동할 수 있도록 감지 한계를 낮추는 연구, 하나의 칩 위에 다양한 측정 장치를 집적해 한 번에 다양한 표적을 측정하는 고집적화 연구, 센서 자체를 더 작게 만드는 연구가 한창 진행 중이죠. 바이오칩의 발전은 곧바로 바이오센서의 발전으로 이어질 거예요.

동물 실험 대체할 바이오칩 설계

2022년 스페인에서 시험관 내 피부와 기타 다층 조직 프로세스 제작을 단순화하는 바이오칩 설계에 성공했다. 이 바이오칩은 칩 내부에서 피부 배양이 가능한데 이를 통해 만들어진 인간 피부는 의약품과 화장품 테스트용으로 희생되는 동물을 대신할 수 있다.

피 한 방울로 암을 진단하는 바이오센서 개발

2022년 5월 기초과학연구원 첨단연성물질(soft matter)연구단은 혈액이나 소변을 이용해 암과 같은 질병을 현장에서 바로 진단할 수 있는 바이오센서를 개발했다. 소변이나 혈액 등에 포함된 바이오마커를 분석해 질병 여부를 알 수 있으며, 미세한 구멍들로부터 발생하는 금 나노 전극을 활용했다.

인간 장기 닮은 바이오칩 생산

우리나라는 2021년부터 뇌혈관 장벽, 혈관 내피세포 등을 손톱만 한 크기의 칩에 구현한 장기 모사 칩(오르간온어칩, organ on a chip)을 대량 생산하고 있다. 알츠하이머나 파킨슨병 등 퇴행성 뇌 질환 치료에 성공 가능성이 높은 물질을 미리 선별하는 데 도움이 될 것으로 기대된다.

DNA칩을 통해 얻은 개인 유전 정보를 기업이 이용하는 걸 허용해야 할까?

○ 찬성 ○

1. 유전공학이 발전하려면 빅데이터를 활용할 수 있어야 한다

유전공학이 발달하기 위해서는 다양한 사례를 풍부하게 모은 빅데이터 분석이 필수 전제가 되어야 한다. 이를 위해 익명 처리한 개인 정보는 충분히 활용할 수 있다.

2. 유전공학이 발달하면 결과적으로 모두에게 이익이다

유전공학이 발달하면 결국 그 혜택은 우리 모두가 받게 된다. 질병과 바이러스를 예견할 수 있어 장기적으로 인류 전체를 위한 일이다.

3. 글로벌 경쟁에서 살아남는 데 유리하다

외국 기업에서도 익명 처리된 유전 정보를 이용해 다양한 유전공학 기술과 제품이 나오고 있다. 이들 기업과 경쟁이 가능하려면 우리도 익명 정보의 이용에 적극적이어야 한다.

그래, 유전공학의 발전에 밑거름이 될 거야!

아니야, 아무리 익명이라도
개인 정보 유출은 위험해!

✖ 반대 ✖

1. 익명 정보라도 개인을 특정할 가능성이 있다

익명 처리된 정보라도 몇 가지 정보가 합쳐지면 충분히 개인을 특정할 수 있다. 당사자도 모르게 이런 민감한 정보를 기업이 이윤을 위해 이용해서는 안 된다.

2. 개인 정보를 안전하게 보호할 수 있다는 보장이 없다

일반 기업에서도 해킹이나 내부자의 사적인 거래 등으로 고객 개인 정보가 유출된 사례가 한두 번이 아니었다. 사생활 침해 우려가 특히 높은 유전 정보가 해킹된다면 그 피해를 복구할 방법이 없다.

3. 유전 정보는 그 개인뿐만이 아니라 가족과 친척에게도 영향을 준다

개인의 유전 정보는 가족과 가까운 친척과 겹쳐지는 부분이 많다. 따라서 당사자가 동의하더라도 주변 사람의 정보까지 넘기는 것이 되기 때문에 이용에 더욱 신중해야 한다.

5

미래 의학

장기 이식으로 인간을 개조하면
우주복 없이도 우주에서 살아남을 수 있겠지?
인간의 신체 능력을 강화한 '사이보그'라고 부르자!

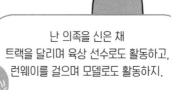

안전한 심장 수술을 하려면
심장의 역할을 대신할 만한 게 필요해!
인공 심장을 만드는 거야!

*로버트 자빅 박사

난 의족을 신은 채
트랙을 달리며 육상 선수로도 활동하고,
런웨이를 걸으며 모델로도 활동하지.

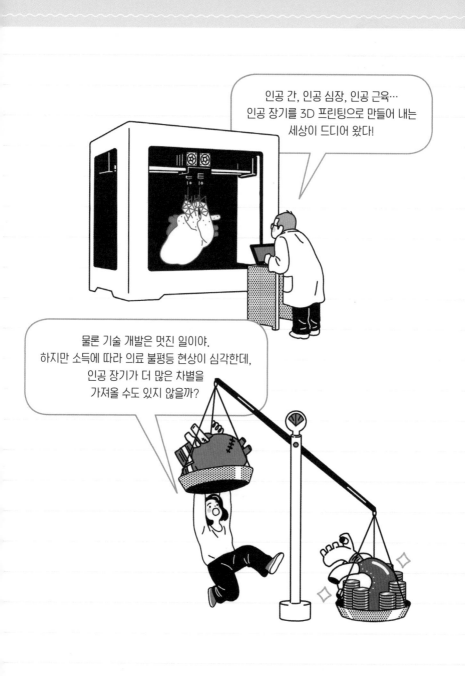

몸의 한계를 넘어
세상의 한계를 넘을 수 있도록

늙지도 아프지도 않은
이상하고도 놀라운 삶

SF 영화 속 미래에선 생명과학이 인류에게 무한한 수명과 평생 건강한 삶을 보장하는 듯이 그려지곤 합니다. 생명과학의 발전이 인류 전체에게 도움이 되는 것이야말로 우리가 기대하는 이상적인 발전이겠지요. 실제로 현재 생명과학 연구 중 감염병과 난치병 예방과 치료, 노화 방지 등은 굉장히 많은 자원과 인력이 투여되는 분야이기도 하지요.

앞서 배운 크리스퍼 유전자 가위 기술을 이용하면 기존 의술로는 치료가 힘든 난치병을 치료할 수도 있습니다. 예를 들어, 노인성 황반 변성은 망막의 황반이 노화나 유전적 요인으

로 기능이 떨어지면서 시력이 감소하고 심하면 실명에 이르게 하기도 합니다. 안타깝게도 노인 실명 원인의 1위로 꼽히고 완치 방법이 없었지요. 그런데 2019년 영국 옥스퍼드 대학교에서 환자들을 대상으로 유전자 치료를 시도했고 그중 한 명은 황반 변성이 더 이상 진행되지 않는 결과를 보였습니다. 황반 부위의 망막을 들춰 인체에 무해한 바이러스를 주입하는 방식이었지요. 해당 바이러스에는 황반 세포의 잘못된 DNA 서열을 바로잡아 주는 유전자가 있어 병이 진행되는 걸 막을 수 있었어요. 골수암 환자의 경우, 암 환자의 면역 세포에 암세포 탐지 단백질 유전자를 삽입하면 면역 세포가 암세포만 골라서 죽이는 방식으로 치료가 가능하기도 합니다.

난치병 환자를 치료할 수 있다니 꿈만 같지 않나요? 그런데 이렇게 성인을 대상으로 하는 치료에는 한계가 있습니다. 치료에 필요한 세포를 인체 밖으로 꺼내서 크리스퍼 가위 기술을 이용해 유전자 정보를 바꾼 뒤 다시 인체 안으로 넣는 방식 때문이지요. 성인 세포는 모두 일정한 주기가 있어 어느 정도 시간이 지나면 죽고 새로운 세포가 채워집니다. 즉, 효과가 일시적이지요. 그래서 일정 시간이 지나면 치료를 반복해야 합니다. 게다가 비용도 만만치 않고요. 물론 유전자 치료법이 더 발전해서 성인을 대상으로 반영구적인 치료 방법도 개발되고 있기는 합니다.

혈우병이라는 유전병을 한번 볼까요? 우리 몸은 상처가 생겼을 때 흘러나온 피가 응고되어 더 이상 흐르지 않게 합니다. 혈액에는 응고 단백질이 있기 때문이지요. 그런데 혈우병의 경우 이 단백질이 없어서 혈액이 굳질 않습니다. 우리가 즉시 발견할 수 있는 피부 밖 상처는 그나마 나은 편입니다. 더 심각한 것은 흔히 '멍'이라고 하는 내부 출혈인데요. 외부로 드러나지 않으니 빨리 대처할 수 없고 움직일 때마다 관절 부분에 내부 출혈이 발생하기 때문에 더 심각해질 수 있습니다.

현재 기술로는 며칠에 한 번씩 혈액 응고에 필요한 단백질을 주사하면 완치까지는 아니어도 정상적인 생활이 가능합니다. 그래도 평생에 걸쳐 며칠에 한 번 주사를 맞는다는 건 굉장히 힘들고 비용 부담이 크겠지요. 이런 경우 유전자 치료가 가능합니다. 피는 뼛속 골수 세포에서 만들어지는데, 골수 세포에 혈액 응고 단백질 유전자를 삽입하면 골수가 직접 혈액 응고 단백질을 생산해 내서 따로 주사를 맞을 필요가 없습니다.

2020년 제약사 바이오마린이 개발한 혈우병A 유전자 치료제인 발록스는 한 번의 투약만으로 치료가 가능하다고 알려져 있습니다. 아직 임상 시험 중이긴 하지만 만약 성공한다면 혈우병 환자들에겐 더할 나위 없는 희소식이 되겠지요. 그러나 현재 책정된 가격은 300만 달러로 약 36억 원 가까이 됩니다. 웬만한 사람은 엄두가 나지 않는 비싼 약이지요.

장애는 질병도 극복 대상도 아니지만
과학과 의학이라는 조력자를 환영한다

많은 사람이 대부분의 장애가 선천적이라고 생각합니다. 하지만 실제 장애의 대부분은 후천적입니다. 우리나라 통계에 따르면, 0~9세까지는 전체 인구 중 장애인의 비율이 0.6퍼센트밖에 되지 않습니다. 대략 200명당 1명이라는 이야기지요. 하지만 연령대가 높을수록 장애인 비율도 높아져 40대의 경우 전체 인구 중 장애인 비율이 3.1퍼센트가 됩니다. 즉, 33명 중 1명이 되는 것이지요. 육십 대가 되면 10퍼센트가 넘고 칠십 대가 되면 18퍼센트가 넘습니다. 거의 다섯 명 중 한 명이 장애인에 해당하는 셈입니다. 팔십 대가 되면 34.8퍼센트로 세 명 중 한 명이지요. 즉, 장애의 대부분은 살아가면서 각종 사고와 질병, 노화로 인해 생겨납니다.

이런 장애는 크게 세 가지로 나눌 수 있습니다. 먼저 신체장애입니다. 팔다리 등 전체나 관절 등 일부에 이상이 생겨 거동이 불편해지는 것입니다. 두 번째는 내부 장기 이상입니다. 이자에 문제가 생겨 인슐린이 분비되지 않거나 간이나 쓸개에 문제가 생기는 경우, 위장이나 소장 같은 소화 기관과 혈관 및 심장 등 순환계나 호흡기 문제도 있지요. 세 번째로는 정신적 장애입니다. 선천적이거나 사고나 노화로 인한 경우가 있지요.

어떤 경우든 건강한 삶을 사는 데 상당한 불편이 따르고 심지어 생명이 위험해지기도 합니다. 이를 해결하기 위한 생명과학의 노력에는 어떤 것들이 있을까요?

인간을 포함한 모든 생물은 세포로 이루어져 있습니다. 그렇다고 세포가 아무렇게나 모여 하나의 생명이 되는 건 아닙니다. 세포들은 일단 비슷한 종류끼리 모여 조직(tissue)을 이루지요. 혈관 세포들이 모여 혈관 조직이 되고, 근육 세포들이 모여 근육 조직이 됩니다. 상피 세포들이 모여 상피 조직을 만들고, 신경 세포들이 모여 신경 조직을 만들어요.

그리고 다양한 조직이 일정하게 모이면 기관이 됩니다. 혈관 조직과 상피 조직, 근육 조직 등이 모여 위장이나 소장, 대장과 같은 소화 기관을 만듭니다. 근육 조직과 신경 조직 그리고 혈관 조직이 모여 운동 기관인 근육을 이루지요.

이런 기관들이 모여서 하나의 역할을 수행하는 기관계가 됩니다. 위장, 장, 대장 등이 모여 소화 기관계가 되고, 심장, 동맥, 정맥, 모세 혈관이 모여 순환 기관계를 이룹니다. 뇌와 척수, 말초 신경 등이 모여 신경 기관계를 만들지요.

많은 질병이 이런 기관계를 이루는 기관의 문제로 생깁니다. 위궤양이나 위천공, 간염처럼 약이나 수술로 치료가 가능한 병도 있지만 간경변이나 위암, 식도암처럼 아예 해당 장기를 제거해야 하는 경우도 있습니다. 사고로 다치는 바람에 내부 장기까지 파괴되는 일도 있고요. 이렇게 문제가 너무 심각

미래 의학

155

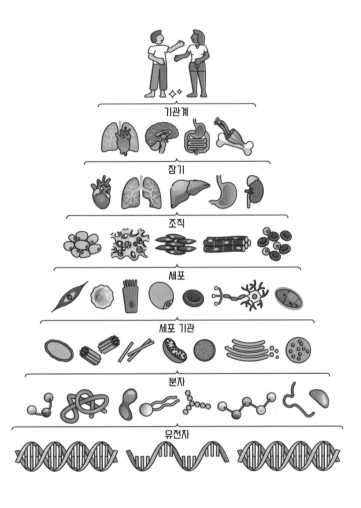

기관계

장기

조직

세포

세포 기관

분자

유전자

—o 인체의 구조적 단계

해지면 새 장기를 이식해야 하기도 합니다.

그런데 이 장기 이식이 만만치 않습니다. 일단 살아 있는 사람의 장기여야 하는데, 간이나 콩팥과 폐의 경우는 일부만 떼어 내도 되지만 나머지 장기는 원래 가지고 있던 사람에게도 필수적이니 그럴 수가 없습니다. 생전에 장기 기증을 약속한 사람이 사망한 경우에만 가능하지요. 더구나 장기 기증자가 있다고 하더라도 면역 반응이 문제가 됩니다. 면역 체계는 자기 몸의 일부가 아니라고 여겨지면 그 물질이 사라질 때까지 공격하는데 다른 사람의 장기를 이식받을 때도 당연히 이런 거부 반응이 나타날 수밖에 없지요.

원래 우리 몸의 세포에는 주조직적합복합체(MHC, Major Histocompatibility Complex)라는 분자가 있습니다. 면역 세포에게 '우리 편'이라고 알려 주는 명찰 역할을 하지요. 만약 다른 MHC를 가진 사람의 장기를 이식하면 면역 세포가 공격을 하게 되고, 거부 반응을 심하게 일으키면 죽음에 이르게 됩니다. 그래서 MHC가 일치하는 경우에만 이식할 수 있지요.

그런데 이 명찰은 종류가 매우 많아서 일치하는 사람을 찾는 게 쉽지 않습니다. 운이 좋으면 빠르게 MHC가 일치하는 장기를 이식받을 수 있지만 대부분은 오래 기다려야 하고, 시기를 놓치면 사망에 이르지요. 따라서 인공 장기를 만들려는 노력은 20세기 내내 그리고 21세기에도 계속됩니다. 기계로 인공 장기를 만들려는 시도도 있었고, 최근에는 자신의 세포를 이용해 인공 장기를 만드는 연구가 새롭게 진행되기도 했지요. 그중 주목을 받는 것이 오가노이드(organoid)입니다. 오가노이드란 작은 기관(small organ)이라는 뜻으로, 세포를 배양해 장기를 만드는 방법을 연구하는 것이지요.

장기 이식과
오가노이드

세포 배양 자체는 굉장히 오랜 역사를 가지고 있지만 인간 세포를 이용해 장기를 만드는 일에는 몇 가지 어려움이 있습니다. 가장 먼저 '줄기세포'입니다. 대부분의 세포는 몇 번의 세포 분열을 하고 나면 더 이상 분열하지 않습니다. 계속 세포 분열을 할 수 있는 건 줄기세포뿐이지요.

하지만 성인의 줄기세포는 이미 정해진 한 종류의 세포로만 분열할 수 있습니다. 그런데 장기를 만들려면 혈관, 상피, 근육 등 다양한 세포가 필요하지요. 따라서 분열해 어떤 세포로든 변할 수 있는 능력을 가진 세포를 써야 하는데 이는 '배아 줄기세포'뿐입니다. 하지만 배아 줄기세포를 쓰는 건 윤리적 문제와 함께 장기 이식 대상자를 찾는 데 어려움이 있지요.

이런 문제를 해결한 것이 '역분화 줄기세포'입니다. 2006년 일본에서 최초로 개발한 역분화 줄기세포는 성인의 체세포에 특수화된 분화 세포나 조직이 그 특징을 잃고 미분화된 상태로 되돌아가는 현상인 역분화를 일으키는 유전자를 도입하는 것입니다. 배아 줄기세포처럼 어떤 세포로든지 변할 수 있도

—○ 다양한 종류의 세포를 배양해 만드는 오가노이드

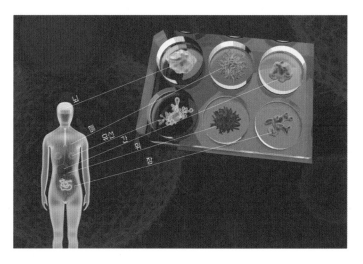

록 만드는 것이지요. 이제 자신의 체세포로 필요로 하는 다양한 종류의 세포를 만들 수 있게 된 것이지요.

하지만 이를 배양해 다양한 종류의 세포를 발생시키는 것만으로는 장기를 만들 수 없습니다. 이렇게 배양한 세포 조직은 인간의 실제 조직과 비슷하지 않기 때문이지요. 벽돌과 시멘트, 철근이 모두 있어도 그걸 한데 모아 놓는다고 해서 저절로 집이 만들어지지 않는 것과 같습니다. 그러나 2009년 네덜란드 휘브레흐트(Hubrecht) 연구소와 위트레흐트(Utrecht) 대학교 의학센터 연구팀에서 실제 소장 상피 세포와 거의 똑같은 조직을 만들어 냈습니다. 이때부터 '오가노이드'라는 말이 사용됐지요. 아직까지도 인간의 실제 장기보다 훨씬 작은 불과 몇 밀리미터 크기로 작은 장기란 뜻의 이 오가노이드란 말을 씁니다.

이후 오가노이드 기술은 3D 프린팅 기술을 응용하면서 3D 바이오 프린팅이라는 새로운 기술로 발전합니다. 3D 바이오 프린팅은 살아 있는 세포를 활용한 바이오 잉크를 3D 프린팅처럼 층층이 쌓아 올려 각막, 간, 피부, 혈관 등 인공 장기를 만들어 내는 것이지요. 현재 만들어진 오가노이드는 원래 인간 장기의 몇백분의 일 크기여서 인공 장기로 사용될 수는 없습니다. 오가노이드를 통해 실제 사용될 장기를 만들기 위해 앞으로도 꽤 긴 시간 연구가 진행되어야 할 것으로 보입니다.

인공 심장, 인공 폐, 인공 췌장, 그다음은 인공 자궁이라고?

인공 장기를 필요로 하는 사람들은 과거에도 있었고 지금도 있습니다. 세포로 만들어진 것은 아니지만 기계식 인공 장기는 이전부터 개발되었고 실제로 사용되기도 했지요. 곰돌이 푸에 나오는 티거(호랑이)로 잘 알려진 미국의 폴 윈첼(Paul Winchel)은 1963년 세계 최초로 인공 심장 기술 특허를 가졌던 인물이기도 합니다. 그는 인공 심장 특허권을 유타 대학교에 기증했어요. 그리고 1969년 최초로 인공 심장이 나왔습니다. 하지만 무게가 200킬로그램에 달해서 몸에 부착하고 다닐 순 없었습니다. 다른 사람의 심장을 이식하는 과정에서 잠시 쓰는 정도였지요.

그러다가 1982년 최초로 인공 심장을 영구히 장착하는 수술이 이루어졌습니다. 그러나 수술 후 석 달이 조금 지나서 대상자는 사망하고 맙니다. 이후 몇 건의 기계식 인공 심장 수술이 있었지만 수술 후 가장 오래 생존했던 기간은 620일이었습니다. 이후 인공 심장은 심장 이식 수술 때까지 생명을 유지시키는 정도로 사용되었지요.

　연구 끝에 마침내 2020년 프랑스 카르마(Carmat) 사가 유럽 연합에서 인공 심장 판매 승인을 받았고 몇 차례 시술이 이루어졌습니다. 주요 부위는 소의 심장 조직으로 만들어졌고 외부 기기와 내부 심장이 연결된 상태로 이루어졌습니다. 내부 심장은 인간의 원래 심장 무게의 약 3배이며 외부 기기는 좀 더 무겁습니다. 물론 아직 개발된 지 얼마 되지 않아 실제로 시술 이후 얼마나 생존할 수 있는지도 지켜봐야 할 부분입니다만, 생체 조직 일부를 활용해 무게를 줄이고 실제 인간 심장의 무게와 비슷하게 개선할 수 있다면 이식이 필요한 이들에게는 희소식이 아닐 수 없습니다.

　완전 인공 심장 외에도 심장의 심실 등 일부 기관을 대체하는 부분 인공 심장(보조 인공 심장)은 지금도 많이 시술되고 있습니다. 초기에는 몸 밖에 장착하는 형태였지만 지금은 심장 부위에 삽입하기도 합니다. 물론 그렇다고 해도 몸 바깥의 전원 장치와 연결해야 하지요. 심장이 수축이나 이완을 제대로 하지 못하는 심부전 환자 중 말기 환자의 경우 심장 이식을 받아야 하는데, 적합한 심장이 나올 때까지 보통 1년 가까이 기다려야 합니다. 하지만 부분 인공 심장을 이식받으면 충분히 버틸 수가 있지요.

인공 폐도 개발되고 있습니다. 1950년대에 최초의 제품이 나왔으니 역사가 아주 오래되었지요. 초창기의 형태는 사람이 그 안에 들어갈 수 있을 정도의 길이 2미터, 무게 340킬로그램의 원통형이었습니다. 얼굴만 원통 밖으로 나올 수 있었는데, 인공 폐라기보다는 폐 기능 보조 장치에 가까웠습니다. 미국의 한 여성은 그 안에서 58년을 살기도 했지만 이는 아주 특수한 경우였고, 이후 개발된 인공 폐는 기증자의 폐를 이식받을 수 있을 때까지 임시로 사용하는 경우가 대부분이었습니다. 장치가 워낙 커서 설치하기 어려울 뿐만 아니라 환자가 움직일 수도 없었으니까요.

인공 폐 연구는 조금 더디게 진행되었는데요. 폐의 구조가 심장보다 훨씬 복잡하기 때문입니다. 그 외에도 인공 췌장, 인공 신장 등을 연구 중입니다. 췌장은 위장 뒤쪽에 붙어 있는데, 몸속 세포를 일정하게 하는 항상성을 유지하는 대단히 중요한 기관이지요. 췌장에서 분비되는 인슐린이 부족해지면 생기는 당뇨병은 완치가 불가능해 환자가 정말 많죠.

췌장(이자)
인슐린과 글루카곤이라는 포도당 농도를 조절하는 호르몬과 단백질, 지방, 탄수화물을 분해하는 소화 효소를 분비하는 부속 소화 기관.

강낭콩 모양의 '콩팥'이라고도 불리는 신장은 혈액 속의 노폐물을 걸러 오줌을 만들며, 신부전이나 신우신염 등 질환이 많이 발생하는 기관입니다. 신장에 이상이 생기면 자연적인 회복이 어려워 주 3회씩 병원에 가서 몇 시간에 걸쳐 투석해야 하지요. 이 기관에 심각한 이상이 생기면 이식 수술을 받아야 하는 경우가 많아, 인공 심장과 인공 폐 다음으로 활발한 연구가 진행 중입니다.

인공 자궁은 수정란을 착상시켜 신생아로 기르는 역할을 하는 자궁을 완전히 대체하는 개념입니다. 하지만 최근 연구 중인 인궁 자궁의 목적은 너무 일찍 출산한 초미숙아의 사망률을 낮추는 데 의미가 있습니다. 일종의 인큐베이터 역할을 하는 것이죠. 너무 일찍 태어난 초미숙아가 조산 후 건강하게 자란 사례는 임신 21주(약 5개월)가 가장 빠른 기록입니다. 그보다 이전에 출산한 경우 아직까지는 생존하기가 어렵습니다. 현재 인큐베이터는 태반 역할을 할 수 없어 호흡 기능이 완성되지 않은 미숙아를 살리기 힘들다는 점 때문입니다.

이를 극복하려는 것이 바이오 백(bag) 형태의 인공 자궁입니다. 이미 미숙아 상태의 새끼 양을 통한 실험에 성공했으며 아직 인간을 대상으로 한 연구 결과는 없습니다. 자궁의 구조

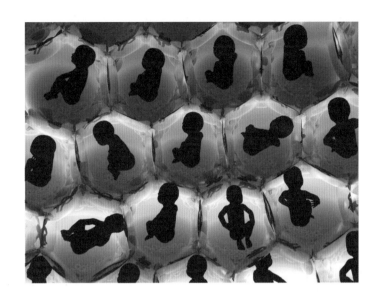

도 복잡하고, 산모와 태아의 관계성도 더 밝혀져야 하며, 유산의 원인에 대해서도 더 면밀한 연구가 필요하기 때문이지요.

인공 자궁은 무엇보다 사회 윤리적 문제가 큽니다. 태아가 자라는 환경에 대한 개입이 쉬워지므로 태아를 대상으로 한 유전체 편집이 가능해집니다. 더구나 정자와 난자만 있으면 인간에게 의지하지 않아도 인간을 만들어 낼 수 있으므로 '공장형 인간 대량 생산'이 가능해진다는 문제도 있습니다.

미래 의학

슈퍼히어로처럼 인공 눈으로
세상을 볼 수 있다면

영화 속에서 아이언맨은 자기가 만든 무기에 부상을 당해 죽을 위기에 처합니다. 결국 기계 장치를 몸에 이식해 생명을 구하고, 오히려 이전보다 더 강한 육체를 가지게 되었지요. 이렇게 신체 일부를 기계로 대체한 기계와 인간의 결합체를 '사이보그'라고 부릅니다. 사이보그라고 하면 대개는 기계의 힘을 빌어 엄청난 능력을 보이는 히어로를 생각하게 되지요. 그러나 현실은 다릅니다. 앞서 인공 장기가 여러 가지 질환의 대비책으로 연구와 개발이 되고 있다면, 사이보그는 다양한 장애를 보완하기 위해 존재합니다. 미래의 일이 아니라 벌써 우리 주변에서 찾아볼 수 있지요. 보청기를 착용하거나, 인공 각막을 시술받거나, 의수나 의족을 낀 사례가 대표적이라고 볼 수 있어요. 이처럼 사이보그가 다루는 대표적인 분야는 감각과 운동 능력에 관한 것입니다.

감각을 한번 살펴볼까요? 가장 먼저 시각은 우리가 얻는 정보의 80퍼센트 정도를 책임지는 가장 중요한 감각입니다. 그다음은 청각입니다. 미각이나 후각, 촉각 등 다른 감각은 직접 접촉해야 그 정보를 알 수 있지만 이들 두 감각은 멀리 떨어진 곳의 정보를 제공하지요.

최근 몇 년간 라식 수술을 받은 사람이 꽤 많아졌습니다. 수정체나 각막은 빛을 굴절시켜 망막에 상이 맺히게 하는 부분인데 이곳에 문제가 생기는 경우 기존에는 안경이나 콘택트렌즈를 꼈지만, 라식 수술을 받고 안경을 벗을 수 있게 됐지요. 그러나 투명한 수정체가 하얗게 되면서 빛을 통과시키지 못하는 백내장의 경우, 라식으로는 해결되지 않습니다.

영화에서 시각 장애인을 표현할 때 눈동자가 까맣지 않고 하얗게 나오는 경우가 있는데요. 이는 백내장을 표현한 것으로, 수정체가 탁해지면 회복이 되질 않고 앞을 볼 수 없게 됩니다. 주로 노화에 의해 발생하는데 20세기 초까지도 백내장이 생기면 탁해진 수정체를 아예 수술로 꺼내는 방식으로 치료를 했습니다. 수정체가 사라지면 물체의 상이 망막에 맺히지 못하기 때문에 아주 두꺼운 돋보기안경을 껴야 했고, 이전처럼 잘 볼 수도 없었습니다.

하지만 1949년 런던에서 최초로 인공 수정체가 개발된 후, 현재 전 세계적으로 매년 2,000만 명 정도가 인공 수정체 삽입 수술을 받고 있는데요. 난시나 노안을 교정하는 인공 수정체도 개발되어 10분 정도면 수술이 끝납니다.

그러나 각막에 심각한 이상이 생기면 해결이 쉽지 않습니다. 사고로 각막이 찢어지는 경우도 있고 각막 감염으로 혼탁이 오기도 하지요. 각막은 수정체보다 더 복잡하고 예민하기 때문에 인공 각막을 개발하기가 어렵습니다. 그래서 회복하기 힘든 손상을 입으면 다른 사람의 각막을 이식하는 것이 최선이지요. 그런데 앞서 살펴본 다른 장기와 마찬가지로 각막 역시 구하기도 어렵고 면역 부작용도 고려해야 합니다. 그런데다 각막을 이식한 후 각막 내피 세포의 수명 감소 등으로 5년 이상 시력을 유지하는 경우가 많지 않습니다. 이식한 각막의 효능이 다하면 다시 이식해야 하는데 이렇게 수술을 반복하는 건 비용도 비용이지만 매우 고통스럽지요.

인공 각막을 개발하려는 시도는 계속 이어지고 있었습니다. 중앙 부분만 플라스틱 재질의 광학부를 끼워 만든 인공 각막 복합체는 거부 반응이 거의 없어 면역력이 약한 고령자에게도 좋지요. 그럼에도 부작용이 만만치 않고 비용도 높습니다.

2021년 우리나라 바이오 회사 티이바이오스에서 세계 최초로 영장류를 대상으로 한 인공 각막 이식에 성공하기도 했습니다. 콘택트렌즈와 비슷한 합성 고분자 성분에 생체 조직을 결합했는데 동물 실험 결과 시력이 회복되면서도 안구 구조

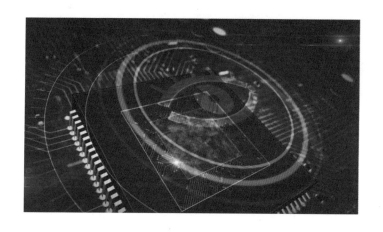

의 변화나 다른 염증이 나타나지 않는 성과를 보였습니다.

인공 망막도 좋은 해결책이 됩니다. 현재 인공 망막은 소형 비디오카메라를 장착한 선글라스와 휴대용 컴퓨터 그리고 안구에 장착한 내장 회로 이렇게 세 부분으로 구성되어 있습니다. 카메라에서 보낸 이미지를 컴퓨터가 시각 정보로 바꾸면, 내장 회로가 이를 전기 파동으로 변환해 망막 신경 세포를 자극합니다. 그러면 뇌가 시각을 인식할 수 있지요. 그러나 이런 인공 망막은 휴대가 불편하고, 시력도 0.003 정도로 약하지요. 이 기술이 꾸준히 발전해 실제 망막 부분에 삽입할 수 있으면 인공 눈의 기본이 될 것입니다. 인공 눈이 완성되면 외관상으로도 기존의 눈과 비슷한 형태를 띠며 이질감이 없어 자연스럽게 적응할 수 있지요.

소리가 안 들린다면
인공 귀를 부탁합니다

인공 귀는 어떨까요? 일단 귀가 어떻게 소리를 듣는지를 살펴봅시다. 귀는 크게 외이, 중이, 내이로 구분합니다. 외이는 귓바퀴와 귓구멍입니다. 외부의 소리를 모아 전달하는 역할을 하죠. 귓구멍 끝에는 고막이 달려 있고 고막은 귓속뼈와 연결되어 있습니다. 이 부분을 중이라고 하지요. 중이는 공기를 통해 전달된 소리를 키우고 귀 내부의 액체인 림프액으로 전달합니다. 림프액의 진동은 내이에 있는 달팽이관으로 전달되고요. 달팽이관에는 청각 세포들이 섬모를 내놓고 기다리고 있지요. 림프액의 진동은 섬모를 흔들고, 이 흔들림은 청각 신경으로 전달되어 마지막으로 대뇌가 소리를 인식하게 합니다.

세 부분 중 한 곳이라도 문제가 생기면 듣는 능력에 문제가 생깁니다. 나이가 들어 청각 세포가 사라지거나 탄력성이 떨어지면 작은 소리를 듣지 못하게 되지요. 이때 사용하는 보청기는 소리를 전기 신호로 바꾼 뒤 증폭시켜 다시 음파로 바꿔

소리를 키웁니다. 이 정도만 해도 큰 도움이 되는데요. 다만 보청기를 사용하는 경우 웅웅 울리거나 말소리 구별이 잘되지 않고 시끄러운 곳에서는 소리의 방향을 구별하기 어렵죠.

혹시 자신의 목소리를 녹음해서 들어 본 적이 있나요? 평소에 듣던 내 목소리와 완전히 다른 걸 알 수 있는데요. 평소 내 목소리를 듣는 건 귀를 통해서이기도 하지만 뼈의 진동을 통해 내이가 직접 듣기도 합니다. 성대가 울려서 소리가 날 때, 그 진동은 두개골을 통해 직접 내이로 전달되지요. 고막이나 귓속뼈 등 중이에 문제가 생기면 뼈 고정 보청기를 이용할 수 있습니다.

내이가 손상되면 어떻게 할까요? 이럴 땐 달팽이관에 가느다란 파이프 형태의 인공 와우를 삽입합니다. 인공 와우는 피부 아래에 삽입한 초소형 컴퓨터와 연결되어 있는데, 귀 바깥에 장착한 마이크 및 무선 장치로 소리를 확보하죠.

사고로 귓바퀴가 절단된 경우, 인공 귀를 만들어 붙이는 것도 가능합니다. 귓바퀴가 없으면 소리를 모으는 기능이 약해져 작은 소리를 듣기가 힘들고 외모가 달라지니 그로 인한 어려움이 생깁니다. 이런 경우 자신의 갈비뼈에서 떼어 낸 연골로 귀 모양을 조각해 이식하는 것이 일반적이지요. 연골을 채

취할 수 없으면 3D 프린팅 기술을 이용해 연골을 귓바퀴 모양으로 제작해 이식하는 방법도 있습니다.

생명공학과 전기전자공학이 만나 인공 신체를 탄생시키다

2021년 도쿄 올림픽에서 두 다리에 의족을 단 미국의 블레이크 리퍼(Blake Leeper)가 비장애인 선수들과 육상 경기를 펼치려 했지만 참가가 허락되지 않았습니다. 블레이크 리퍼의 의족이 규정보다 더 큰 사이즈라서 비장애인들이 공정한 경기를 치를 수 없기 때문이었지요. 세계육상연맹의 판단에도 일리가 있는데요. 동시에 '의족 스프린터(단거리 선수)'로서 경기에 출전할 수 있다는 가능성을 보여 준 사례이기도 합니다.

이처럼 선천적으로 혹은 사고로 인한 후천적 이유로 팔이나 다리를 잃은 사람들에게 의족과 의수는 필수입니다. 그러나 의족과 의수가 기존의 팔다리와 같은 능력을 가지진 못합니다. 손의 경우, 아직까지 대부분의 의수는 손의 형태를 본떠만든 마네킹 같은 보형물에 가깝습니다. 의족의 경우, 내부에 스프링이 들어 있어 발을 옮길 때 발목이 스프링의 힘으로 자동으로 접히면서 걷는 기능을 하는 게 가능하지요. 그러나 무

게 중심을 잃어 부자연스럽고 계단이나 등산 등은 더욱더 힘이 듭니다. 전기 모터를 이용한 경우는 조금 낫지만 자신의 의도대로 의족을 움직이긴 여전히 어렵습니다.

생명공학과 전기전자공학의 발달은 이런 분야에 새로운 성과를 보이고 있습니다. 한국기계연구원은 환자의 보행 동작을 3D 모션 캡처 시스템과 지면 반력 측정기 등 측정 시스템을 이용해 개인별로 최적화된 맞춤형 보행 모델 '스마트 로봇 의족'을 개발했습니다. 로봇 의족은 개인별 보행 모델에 따라 착

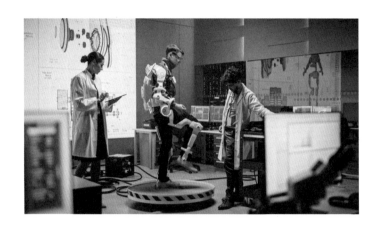

용자의 걸음 속도에 맞춰지며 경사도를 즉시 측정하고 회전 능력을 조정해 자연스러운 보행이 가능하도록 돕지요. 2020년부터 국가 유공자를 대상으로 실제 보급에 들어갔어요.

미국 MIT 공대 연구팀은 자석으로 된 구슬을 이용한 의족을 개발 중입니다. 절단 부위 위쪽의 정상적인 다리 근육에 자석 구슬을 이식한다는 계획인데요. 근육이 움직이면 자석 구슬이 따라 움직이면서 자기장의 변화를 일으키는데 이를 감지하여 의족의 움직임을 정교하게 제어하는 것입니다. 이 경우 착용자의 신체에 아주 작은 자석 구슬만 넣게 되니 전극을 부착하는 것보다 안정적일 뿐만 아니라 반응 시간도 1,000분의 3초밖에 걸리지 않습니다. 비용도 획기적으로 줄어들 수 있지요.

의수 기술 또한 빠르게 발전하고 있어 물건을 잡고 옮길 수 있도록 개발되고 있습니다. 각 손가락에 정밀 센서와 모터를 탑재해 자유롭게 손가락을 움직일 수 있게 만드는 것이지요. 2019년 로봇 제조업체 데카와 미국 유타 및 시카고 대학교 연구팀은 실제 손이 물건을 만질 때 말초 신경에서 신경 섬유들이 활성화하는 패턴을 연구했습니다. 이것을 이용해 진짜 손처럼 힘을 주고 감각을 느낄 수 있는 신경 근육 시스템을 만들었지요. 미세 전극을 팔 절단면의 근육과 신경에 심자 빵, 달걀, 페트병, 맥주 캔, 와인 잔 등 서로 다른 종류의 물건을 집을 때 강도 조절을 하는 것이 가능해졌습니다. 눈을 가리고 사물을 만질 때 자기가 만진 물건의 크기와 질감을 보다 정확하게 알 수도 있었죠.

현실적인 문제도 분명 있습니다. 개발된 의수와 의족을 착용하려면 매우 큰 비용이 들며 일반적인 가정이나 개인이 구입하기 힘든 가격이지요. 연구가 계속되면 언젠가 획기적으로 저렴해진 의수와 의족을 어려움 없이 구입할 수 있겠지요?

미래 의학 연구의 궁극적인 목표는 의수나 의족이 착용자의 생각대로 움직이고, 기기 자체가 감각을 느끼고 이를 뇌로 전달하며 본래의 손발과 차이가 없도록 만드는 것입니다. 절단된 신경을 연결하고 뇌파를 분석해 우리의 생각이 의수와 의족에 전달되게 하는 게 첫 번째 과제가 될 것입니다.

또 하나의 과제는 실제 손발처럼 '느끼는 것'입니다. 그러기 위해서는 의족이나 의수에 입힌 인공 피부를 통해 감지한 촉감을 신경으로 정확히 전달시키는 것이 중요합니다. 정밀한 감각 센서가 개발되어야겠지요. 이 부분 역시 많은 생명과학자와 전기전자공학자의 협업으로 성과가 나타나고 있으니 미래의 인류를 도와줄 기술을 기대해 봐도 좋겠습니다.

미래 의학 핫&이슈

인공 장기, 국책 과제로 선정

국가 정책으로 시행하는 '알키미스트(Alchemist, 연금술사) 프로젝트'는 실패 가능성이 높은 초고난도 기술 개발 지원 사업이다. 그중 하나로 바이오 프린팅 기반의 개인 맞춤형 인공 장기 개발이 2022년 과제로 선정되었다. 면역 거부 반응이 없는 역분화 줄기세포를 이용한 바이오 인공 장기 개발이 성공하면, 맞춤형 장기 이식에 크게 기여할 것으로 기대된다.

희귀 유전병 치료제 임상 시험

샤르코-마리-투스병은 손발의 근육 위축과 모양 변형, 운동과 감각 기능의 상실이 일어나는 유전 질환으로 현재까지 치료제가 없는 것으로 알려져 있다. 그런데 2022년 5월, 우리나라 제약 회사가 신약 'CKD-510'이 첫 번째 임상 시험 결과 안전성과 내약성이 입증됐다고 발표하며 희소식을 전했다.

생각만으로 조종하는 AI 로봇 팔 개발

2022년 KAIST 연구팀은 인간 대뇌 심부에서 측정한 뇌파만으로 로봇 팔을 제어하는 뇌-기계 인터페이스 시스템을 개발했다. 축적 컴퓨팅 기법을 이용해 개인의 뇌파 신호를 인공 신경망이 자동으로 학습해 파악하도록 했으며, 유전자 알고리즘을 이용해 인공 지능 신경망이 최적화된 뇌파 특성을 찾을 수 있도록 만들었다.

값비싼 희귀 유전병 치료제를
국가 의료 보험으로 지원해야 할까?

○ 찬성 ○

1. 평범한 사람들은 병에 걸리면 비용을 감당할 수 없다

만 2세 전에 대부분 사망하는 척수성 근육위축증 치료제는 25억 원이다. 몇백, 몇천만 원이 넘는 치료제를 쉽게 살 수 있는 사람은 거의 없으며, 국가 의료 보험은 모든 국민의 건강을 책임져야 하므로 이를 지원해야 한다.

2. 치료 가능한 질병으로 사망하는 것을 막아야 한다

치료를 받으면 살 수 있는 사람이 돈이 없어 죽는 걸 방치한다는 것은 사회적 죽음이나 마찬가지다. 사회 보험은 원래 다수의 적은 돈을 모아 큰돈이 필요한 소수를 지원하는 시스템이다.

3. 선별 지원보다 보편 지원이 합리적이다

국가의 도움이 필요 없는 고소득자에게 지원할 필요가 없다고 하지만, 부유할수록 보험료를 많이 내므로 문제가 되지 않는다. 능력에 따라 보험료를 내고 필요에 따라 지원을 받아야 가장 많은 사람이 혜택을 입을 수 있다.

그래, 국민 건강과 복지를 위해 국가가 보장해 줘야 해!

아니야, 소수를 위해 다수의 혜택을 가져가는 건 있을 수 없어!

✖ 반대 ✖

1. 비용에 비해 혜택을 받는 사람이 너무 적다

희귀 유전병 치료제는 혜택을 받는 사람이 너무 적은 반면, 전체 비용에서 차지하는 비율이 너무 크다. 극소수의 문제까지 국가가 다 지원할 수는 없다. 불과 서너 명에게 주는 몇십억 원의 혜택보다 삼사백 명에게 주는 몇천만 원의 혜택이 훨씬 더 효율적이다.

2. 의료 보험 재정 상황이 어렵기 때문에 효율적인 지원이 필요하다

의료비는 늘어나는데 세금과 같은 성격의 건강 보험료를 갑자기 올릴 수 없어, 현재 우리나라 건강 보험은 재정 상황이 열악한 편이다. 노인 인구는 늘고 노동 인구가 점점 줄어드는데, 값비싼 치료제까지 보험 혜택을 주다가 자칫 의료 보험 제도가 크게 흔들릴 수 있다.

3. 지원이 불필요한 사람에게 혜택을 줄 수 있다

모든 질환을 국가 의료 보험이 지원하면 돈이 많은 사람까지 혜택을 입게 된다. 치료제가 꼭 필요하면서 형편이 어려운 사람에게만 따로 심사해서 지원해야 불필요한 재정 낭비를 막을 수 있다.

참고 자료

유전자 편집

『과학을 달리는 십대: 스마트 테크놀로지』 구정은 외 지음, 우리학교, 2021.

『합성생물학』 김영창 외 지음, 개신, 2008.

『하리하라의 바이오 사이언스』 이은희 지음, 살림출판사, 2009.

『내일을 거세하는 생명공학』 박병상 지음, 책세상 2002.

『생명공학 소비시대 알 권리 선택할 권리』 김훈기 지음, 동아시아, 2013.

『생명공학의 세계』 방원기 옮김, 라이프사이언스, 2018.

『완벽에 대한 반론』 마이클 샌델 지음, 이수경 옮김, 와이즈베리, 2016.

『내가 유전자 쇼핑으로 태어난 아이라면?』 정혜경 지음, 뜨인돌, 2008.

『파우스트의 선택』 박병상 지음, 녹색평론사, 2004.

『프랑켄슈타인의 고양이』 에밀리 앤더스 지음, 이은영 옮김, 휴머니스트, 2015.

『송기원의 포스트 게놈 시대』 송기원 지음, 사이언스북스, 2018.

감염병과 백신

『인수공통 모든 전염병의 열쇠』 데이비드 쾀멘 지음, 강병철 옮김, 꿈꿀자유, 2020.

『우리는 감염병의 시대를 살고 있습니다』 김정민 지음, 우리학교, 2020.

『신종 바이러스의 습격』 김우주 지음, 반니, 2020.

『감염병학』 배시애 지음, 대왕사, 2014.

미래 식량

〈사이언티픽 아메리칸: 식량의 미래〉, 편집부 지음, 김진용 옮김, 한림출판사, 2017.

『미래 생명산업과 식량』 오주성 외 지음, 동아대학교출판부, 2020.

『석유식량의 종언』 데일 앨런 파이퍼 지음, 김철규 외 옮김, 고려대학교출판부, 2016.

『즐거운 농업의 시작, 스마트팜 이야기』 이강오 지음, 공감의힘, 2021.

바이오칩

『나노바이오 테크놀로지』 블라트 게오르게스쿠 외 지음, 박진희 옮김, 글램북스, 2015.

『바이오테크 시대』 제러미 리프킨 지음, 전영택 외 옮김, 민음사, 1999.

『생명과학, 공학을 만나다』 유영제 지음, 나녹, 2014.

『바이오센서의 신전개』 천병수 외 지음, 유한문화사, 2011.

미래 의학

『영화 속의 바이오테크놀로지』 박태현 지음, 글램북스, 2015.

『세상을 바꿀 미래 과학 설명서 3』 신나는 과학을 만드는 사람들 외 지음, 다른, 2017.

『인체 시장』 로리 앤드루스 외 지음, 김명진 옮김, 궁리, 2006.

『새 삶을 주는 인공장기』 김영하 지음, 자유아카데미, 2014.

『브레인 3.0』 임창환 지음, MID, 2020.

『바이오닉맨』 임창환 지음, MID, 2017.

『뇌를 바꾼 공학, 공학을 바꾼 뇌』 임창환 지음, MID, 2015.

그 외

『최신 생명공학의 이해』 William J. Thieman 외 지음, 이진성 외 옮김, 바이오사이언스, 2020.

『MT 생명공학』 최강열 지음, 장서가, 2008.

『Smith 생명공학』 존 E. 스미스 지음, 오계헌 외 옮김, 월드사이언스, 2010.

『생명공학의 윤리 1』 리처드 셔록 외 지음, 김동광 옮김, 나남, 2016.

『톡톡 바이오 노크』 김은기 지음, 전파과학사, 2018.

『생명공학이란 무엇인가』 에릭 그레이스 지음, 싸이제닉 생명공학연구소 옮김, 지성사,

참고 자료

2000.

『한국 생명공학 논쟁』 김병수 지음, 알렙, 2014.

『생명공학으로의 초대』 Ray V. Herren 외 지음, 김희발 옮김, 라이프사이언스, 2005.

『생명공학을 열다』 강경선 외 지음, 영지문화사, 2018.

『식물생명공학』 Adrian Slater 외 지음, 권석윤 외 옮김, 월드사이언스, 2014.

사진 저작권

과학을 달리는 십대: 생명과학

초판 1쇄 펴낸날   2022년 10월 27일
초판 2쇄 펴낸날   2023년 6월 2일

지은이   박재용
그린이   PINJO
펴낸이   홍지연

편집   홍소연 고영완 이태화 전희선 조어진 서경민
디자인   권수아 박태연 박해연
마케팅   강점원 최은 신종연 김신애
경영지원   정상희 곽해림

펴낸곳   ㈜우리학교
출판등록   제313-2009-26호(2009년 1월 5일)
주소   04029 서울시 마포구 동교로12안길 8
전화   02-6012-6094
팩스   02-6012-6092
홈페이지   www.woorischool.co.kr
이메일   woorischool@naver.com

ⓒ박재용, PINJO, 2022
ISBN 979-11-6755-079-8 43470

만든 사람들
편집   김지현
표지 디자인   스튜디오 헤이, 덕
본문 디자인   박해연